U0244047

"十四五"国家重点出版物出版规划项目

★ 转型时代的中国财经战略论丛 ◢

反思与借鉴：
日本公害救济制度研究

Reflection and Reference:
Research on Japan's Remedy System of
Public Hazard

董 文 著

中国财经出版传媒集团

经济科学出版社
Economic Science Press

图书在版编目（CIP）数据

反思与借鉴：日本公害救济制度研究/董文著.—
北京：经济科学出版社，2021.11
（转型时代的中国财经战略论丛）
ISBN 978 - 7 - 5218 - 2959 - 4

Ⅰ.①反…　Ⅱ.①董…　Ⅲ.①公害经济 - 赔偿 - 研究
- 日本　Ⅳ.①X196

中国版本图书馆 CIP 数据核字（2021）第 208472 号

责任编辑：刘战兵
责任校对：刘　昕
责任印制：范　艳

反思与借鉴：日本公害救济制度研究
董　文　著
经济科学出版社出版、发行　新华书店经销
社址：北京市海淀区阜成路甲 28 号　邮编：100142
总编部电话：010 - 88191217　发行部电话：010 - 88191522
网址：www. esp. com. cn
电子邮箱：esp@ esp. com. cn
天猫网店：经济科学出版社旗舰店
网址：http：//jjkxcbs. tmall. com
北京季蜂印刷有限公司印装
710 × 1000　16 开　12.25 印张　200000 字
2021 年 12 月第 1 版　2021 年 12 月第 1 次印刷
ISBN 978 - 7 - 5218 - 2959 - 4　定价：52.00 元
（图书出现印装问题，本社负责调换。电话：010 - 88191510）
（版权所有　侵权必究　打击盗版　举报热线：010 - 88191661
QQ：2242791300　营销中心电话：010 - 88191537
电子邮箱：dbts@ esp. com. cn）

总　序

转型时代的中国财经战略论丛

　　《转型时代的中国财经战略论丛》是山东财经大学与经济科学出版社合作推出的"十三五"系列学术著作，现继续合作推出"十四五"系列学术专著，是"'十四五'国家重点出版物出版规划项目"。

　　山东财经大学自 2016 年开始资助该系列学术专著的出版，至今已有 5 年的时间。"十三五"期间共资助出版了 99 部学术著作。这些专著的选题绝大部分是经济学、管理学范畴内的，推动了我校应用经济学和理论经济学等经济学学科门类和工商管理、管理科学与工程、公共管理等管理学学科门类的发展，提升了我校经管学科的竞争力。同时，也有法学、艺术学、文学、教育学、理学等的选题，推动了我校科学研究事业进一步繁荣发展。

　　山东财经大学是财政部、教育部、山东省共建高校，2011 年由原山东经济学院和原山东财政学院合并筹建，2012 年正式揭牌成立。学校现有专任教师 1688 人，其中教授 260 人、副教授 638 人。专任教师中具有博士学位的 962 人。入选青年长江学者 1 人、国家"万人计划"等国家级人才 11 人、全国五一劳动奖章获得者 1 人，"泰山学者"工程等省级人才 28 人，入选教育部教学指导委员会委员 8 人、全国优秀教师 16 人、省级教学名师 20 人。学校围绕建设全国一流财经特色名校的战略目标，以稳规模、优结构、提质量、强特色为主线，不断深化改革创新，整体学科实力跻身全国财经高校前列，经管学科竞争力居省属高校领先地位。学校拥有一级学科博士点 4 个，一级学科硕士点 11 个，硕士专业学位类别 20 个，博士后科研流动站 1 个。在全国第四轮学科评估中，应用经济学、工商管理获 B＋，管理科学与工程、公共管理获 B－，B＋以上学科数位居省属高校前三甲，学科实力进入全国财经高校前十。工程学进入 ESI 学科排名前 1%。"十三五"期间，我校聚焦内涵式发展，全面实施了科研强校战略，取得了一定成绩。获批国家级课题项目 172 项，教育部及其他省部级课题项目 361 项，承担各级各类横向课题 282 项；教师共发表高水平学术论文 2800 余篇，出版著作 242 部。同时，新增了山东省重点实验室、省重点新型智库和研究基地等科研平台。学校的发展为教师从事科学研究提供了广阔的平台，创造了更加良好的学术生态。

"十四五"时期是我国由全面建成小康社会向基本实现社会主义现代化迈进的关键时期，也是我校进入合校以来第二个十年的跃升发展期。2022 年也将迎来建校 70 周年暨合并建校 10 周年。作为"十四五"国家重点出版物出版规划项目，《转型时代的中国财经战略论丛》将继续坚持以马克思列宁主义、毛泽东思想、邓小平理论、"三个代表"重要思想、科学发展观、习近平新时代中国特色社会主义思想为指导，结合《中共中央关于制定国民经济和社会发展第十四个五年规划和二〇三五年远景目标的建议》以及党的十九届六中全会精神，将国家"十四五"期间重大财经战略作为重点选题，积极开展基础研究和应用研究。

与"十三五"时期相比，"十四五"时期的《转型时代的中国财经战略论丛》将进一步体现鲜明的时代特征、问题导向和创新意识，着力推出反映我校学术前沿水平、体现相关领域高水准的创新性成果，更好地服务我校一流学科和高水平大学建设，展现我校财经特色名校工程建设成效。通过对广大教师进一步的出版资助，鼓励我校广大教师潜心治学，扎实研究，在基础研究上密切跟踪国内外学术发展和学科建设的前沿与动态，着力推进学科体系、学术体系和话语体系建设与创新；在应用研究上立足党和国家事业发展需要，聚焦经济社会发展中的全局性、战略性和前瞻性的重大理论与实践问题，力求提出一些具有现实性、针对性和较强参考价值的思路和对策。

山东财经大学校长

2021 年 11 月 30 日

目 录

第1章 导 论

1.1 研 究 背 景

所谓开宗须先明义，在本书展开之前须先厘清"公害"与"大规模侵权"两个概念。"公害"一词最早起源于日本，在《河川法》中"环境公害"概念首次出现。随后1967年的《公害对策基本法》将"公害"定义为"由于事业活动和人类其他活动产生的相当范围内的大气污染、水质污染、土壤污染、噪声、振动、地面沉降以及恶臭"，1993年的《环境基本法》沿袭了该概念。然而，列举式的概念界定仍然使"公害"的内涵较为模糊。随着大规模侵害事件的频繁上演，"公害"一词逐渐被作为社会用语加以使用。日本学者通常认为"公害"为"造成大范围被害的事件"或者"公众被害般的灾害"，具备由人类活动产生、损害具有广泛性与持续性、因果关系的证明极为困难的特征。本书也以此为基础，对纯粹法律意义上的"公害"概念予以扩展。

我国1978年《宪法》中首次使用"环境公害"一词，规定了"国家保护环境和自然资源，防治污染和其他公害"。虽然我国法律未对"公害"概念做出明确规定，但通常将以环境为媒介对公众生命健康和财产安全造成的危害称为"环境公害"，其中又可进一步区分为环境污染造成的公害与生态破坏造成的公害。可见我国的"公害"概念与日本纯粹法律意义上的"公害"概念相对应，但是与本书所言之"公害"仍不在一个层次。其实，与日本广义"公害"相匹配的概念是"大规模侵权"，即多数人基于共同的或者相似的事实问题或法律问题遭受人身损害、财产损失的法律现象。在我国，"大规模侵权"翻译自美国法中的"mass torts"，其并非一个固定的法律概念，内涵与外延均具有相对不确定性。尽管目前我国学界在大规模侵权有异于传统侵权行为这一点上已达成共识，但是对于以何种标准区分两者仍未达成统一意见。在中国人民大学民商事法律科学研究中心、中南财经政法大学侵权法研究所及民法典研究所主办的"大规模侵权法律对策研讨会"中，与会学者对该标准进行了探讨。张新宝教授认为，大规模侵权是造成被侵权人人数众多且符合《侵权责任法》规定的特定类型的侵权行为。他列举了大规模侵权事件可能的类型，如被侵权人达到数十人以上的产品责任案件、污染环境致人损害案件以及重大交通事故、重大高度危险作业和危险物品致人损害案件、重大物件（如桥梁垮塌）致人损害案件。朱岩教授则指出侵权构成要件的不确定性是判断大规模侵权的重要标准，这种不确定性表现为因果关系的不确定、损害赔偿的不确定、侵权主体的不确定甚至侵权客体的不确定。麻昌华教授对朱岩教授的意见予以补充，认为除要件的不确定性外，仅侵害财产利益的案件不能作为大规模侵权案件处理，侵权客体中必须含有人身利益。

笔者认为，大规模侵权事件是对不特定群体造成损害且损害结果极其严重的侵权事件，本书也正是从此角度来把握大规模侵权事件。首先，其须符合侵权行为的要件，所以纯粹由自然原因引起的地震、火山喷发等自然灾害不属于大规模侵权事件的范畴。其次，其与传统的侵权行为又存在显著区别，大规模侵权类型集损害结果复杂、因果关系复杂、损害赔偿复杂等多种复杂性于一身，传统的侵权救济机制无法对其进行有效的回应。其一，就损害结果而言，大规模侵权事件通常造成大量而不特定人群的人身、财产损害。从已有的实际案例来看，大规模侵权类型中造成几十人受害者有之，几百、几千人受害者亦有之。但需注意的是，对大规模侵权的把握绝不能单纯从人数角度为之，机械的量化极易导致仅以受害人数为标准判断大规模侵权成立与否，而忽视了受害群体的地理分布、严重程度等其他因素。另外由于大规模侵权事件造成的损害具有持久性与缓释性，因而对损害结果的完全把握需要不断挖掘潜在的受害者。其二，就因果关系而言，很多大规模侵权事件的发生机制无法依据现有科学技术予以说明，并且基于受害人的多数性，在因果关系证明的过程中个体的差异性进一步加剧了证明的困难程度。其三，就损害赔偿而言，受害人的众多导致了损害赔偿数额的多样性，对于每个受害人的救济需求予以回应注定是一项繁重的工程。而责任个人或企业往往无力承担损害赔偿的所有金额，建立何种责任分担机制才能及时、有效地救济受害群体颇为棘手。

　　因而，尽管日本学界尚无"大规模侵权"概念的完整表述，但广义上的"公害"概念与我国的"大规模侵权"概念是相通的，均指向不同于传统侵权行为的对不特定群体造成巨大损害的侵权事件。正是在这个意义上，对于中日两国在该类侵权事件救济机制的比较研究具有了可能性。

1.2　研　究　意　义

1.2.1　理论意义

　　德国著名侵权法学者克里斯蒂安·冯·巴尔（Christian von Bar）在其著作《大规模侵权损害责任法的改革》中称："人时时刻刻被可能要喷发的'火山'包围着，甚至文明程度越高，人们享受的利益越大，作为副产品的风险也相应地就会越大。人所享受的利益与风险往往相伴而生，现代文明社会也就成为'风险社会'。"[①] 在当今的风险社会中，大规模侵权成为全人类无法摆脱的噩梦。大规模侵权可能发生在社会生活中的任何领域，比如产品安全领域、生态环境领域、新能源领域等，并且侵权行为的形态已不再局限于一对一的简单模式，呈现出前所未有的多样性与复杂性：被害群体广泛、损害结果严重、事实认定困难、损害赔偿数额巨大。此外，大规模侵权已不仅仅是单纯的法律问题，由于其波及的社会层面过于庞大，损害赔偿工作稍有不慎即会引起轩然大波，如同一颗"不定时炸弹"释放出对社会秩序不可估量的杀伤力。鉴于此，大规模侵权的特异属性迫使我国的损害赔偿路径不能再因循守旧，救济方式须予彻底的革新。学界对此虽提出了一些方案，但多

---

　　① 克里斯蒂安·冯·巴尔. 大规模侵权损害责任法的改革［M］. 贺栩栩译. 北京：中国法制出版社，2010：1.

数浅尝辄止，未对大规模侵权损害救济机制的制度化、规范化带来太多的裨益。日本与我国相同，社会文明发展的历史亦是与公害抗争的历史。自 20 世纪 50 年代"四大公害"接连爆发以后，药品公害、食品公害、大气污染、石棉公害、核公害等事件接踵而至。传统的民事救济理论亦在公害事件的有效应对上"捉襟见肘"，围绕公害救济的理论变革成蔚然之势。

以日本的公害救济理论为借鉴，其显著意义至少有三点。

其一，能够以日本已有研究成果为基础，明确我国的研究方向。我国对于大规模侵权的研究起步较晚，成为一股研究潮流不过才十余年，因而很多问题尚不明晰，需要进行审慎而精细的学术探索。日本民法与我国民法虽然有些术语的称谓不同，但是在很多概念上具有共通性，其研究成果对于我国研究具有重要的参考意义。以日本现代损害赔偿理念的发展为视点，由"自负其责"向"损害赔偿社会化"的过渡具有一定的必然性。在社会发展的初期阶段，个人自由作为实现社会效率的有效手段通常被充分保证，在侵权行为法领域的体现即为过错责任原则的推行。通过过错责任，个人能够预判行为结果，明确责任范围。随着社会的发展，矫正正义逐渐向分配正义靠拢，标榜个人权利、自由的个人本位观渐次被强调社会利益的社会本位观所取代，无过错责任与公平责任的确立即为印证。尤其在大规模侵权事件频繁发生的背景下，个体的损害赔偿能力有限，往往无法向被害群体提供有效的救济。此时行为人的责任追究被相对弱化，而更加关注以社会分担的形式对损害结果进行及时、充分的填补。因而对于大规模侵权救济理论的研究，不能脱离对责任社会化的探讨，如何有效地分配损害、分散风险成为本书讨论的重点。

其二，能够弥补我国理论研究的不足，拓展我国的研究视野。目前我国理论界纷纷在为大规模侵权救济寻求"突破口"，但是研究尚未形成体系，观点较为零散。相比之下，日本理论界在公害救济上遵循了两种进路：一种是在侵权责任框架下的改革，即通过对传统的侵权行为要件——权利侵害要件、主观过错要件、侵害行为要件、损害要件、因果关系要件的全新解读，减缓被害者的举证难度，强化对侵权人的追责；另一种是在社会分担风险思路下的提案，比如责任保险、损害救济基金等。两种进路极大地丰富了日本的侵权行为理论甚至民事救济理论，同时也为我国的大规模侵权损害救济研究提供了"蓝本",我国的相关研究可以汲取日本已有研究的有益成果,促进我国损害救济体系的整体结构完整与内在逻辑自洽。

其三,能够在后民法典时代借域外理论反思我国的现有制度建设,促进相关制度的建立与完善。我国的《民法典》旨在实现"民有所呼,法有所应",因而在《民法典》体系架构的过程中始终围绕当下的时代诉求,并结合未来社会的发展趋向给予预见性的规范引导。目前人格权制度的勃兴已成共识,人格权在《民法典》中独立成编彰显了我国对人格权保护的高度重视,然而人格权的保护既要"仰望星空",又要"脚踏实地"。在当今时代,大规模侵权事件并非偶发的事件,其"井喷"的态势亦会在很长一段时间内持续,而现有侵权责任体系中大规模侵权的粗犷定位,导致了大规模侵权事件发生后救济机制的随意与混乱,规范化与常态化规制机制的缺失使人格权的保护频频陷入"失守"的险境。故而,在深入贯彻《民法典》的过程中,以开放与包容的态度,吸收与借鉴域外的优秀实践成果丰富我国的损害救济体系,既是回应时代的需求,又是贴合《民法典》人文关怀的应有之义。

1.2.2 实践意义

进入 21 世纪以来,我国经历了一系列大规模侵权事件,对公民的人身、财产安全以及社会秩序造成了不可逆转的恶劣影响。在食品领域,2003 年安徽阜阳爆发的劣质奶粉事件,也即震惊全国的"大头娃娃"事件,导致 189 名婴儿患轻、中度营养不良症,28 名婴儿患重度营养不良症,死亡 12 人。① 时隔五年,三鹿集团的婴幼儿奶粉因含有三聚氰胺催生了大批"结石宝宝",经过卫生部排查发现,我国多地市均发现了三鹿奶粉的受害婴儿。两起毒奶粉事件使我国奶制品产业受到重创,造成了国民对食品安全的恐慌。在医疗领域,攸关公民生命、健康的药品、疫苗等亦化身大规模侵权的"元凶",造成了大量的人身伤亡。2006 年齐齐哈尔第二制药厂使用假原料生产的"亮菌甲素注射

① 食品安全罪案备忘录 [EB/OL]. http://rmfyb.chinacourt.org/paper/html/2011 – 05/29/content_28018.htm? div = –1.

液"，致使 13 名患者死亡，多人遭受人身伤害。[①] 2013 年 6 月至 2015 年 4 月，不符合贮藏条件的疫苗从山东运输至全国多个省市，对众多公民的生命、安全造成了巨大的隐患。在工业事故领域，天津滨海新区瑞海公司所属危险品仓库发生爆炸，造成百余人伤亡，爆炸区域成为一片废墟。以上种种，无不印证了德国社会学家乌尔里希·贝克（Ulrich Beck）在《风险社会》一书中所做的分析，即在现代社会中，生产财富的增加与社会风险总是如影随形，随着社会的不断发展，危险以及潜在的威胁将"达到一个我们前所未知的程度"。[②]

然而，我国对于大规模侵权的法律应对却是苍白无力的，多数事件中的损害救济事务均由政府独力进行。运用公共资源应对诸如汶川地震等自然灾害事件虽无可厚非，但对于存在真正责任者的大规模侵权事件，全社会的纳税人为肇事的个人或企业埋单，实则有违公平、正义理念。不过近年来随着损害赔偿理论研究的深入，以损害赔偿基金救济大规模侵权的形式已初现端倪。"三鹿奶粉"事件发生后，为了避免诉讼的过度膨胀并尽快解决损害赔偿的后续问题，包括三鹿集团在内的 22 家责任企业出资 2 亿元建立了医疗赔偿基金，由中国乳制品工业协会委托中国人寿保险公司进行管理和运作，成为我国大规模侵权损害赔偿基金的首例。此外，我国在大规模侵权损害赔偿实践中又一创举为船舶油污损害赔偿基金的建立，其基于社会风险共同分担理念对近年来不断升级的船舶油污事件的损害加以分担。尽管损害赔偿基金在我国实践中的运用具有深远的开拓意义，但由于程序构建尚不完善，基金在救济受害者时效果大打折扣。

我国对于大规模侵权损害赔偿基金的研究历时尚短，实践中的积极探索亦凤毛麟角。以日本的公害救济制度为研究对象，在探究其制度源起、理论基础、适用情形的基础上全面理解该制度，汲取有益的实践经验，不失为完善我国大规模侵权损害救济制度的高效便捷之路径。当然法律的移植与借鉴并非简单的拿来主义，而是与本土化紧密联系的精细工程。本书并非旨在将日本的公害救济制度直接植入我国的大规模侵权损害赔偿体系，而是以日本已有的救济实践为鉴，针对我国大规模侵权

---

① 侯珂露，黄琳，封宇飞. 我国药品质量相关的药害事件的回顾性分析 [J]. 中国医院药学杂志，2020（6）.

② 乌尔里希·贝克. 风险社会 [M]. 何博闻译. 南京：译林出版社，2004：15.

事件中被害者的现实救济需求完善相关制度，为大规模侵权的被害人提供全面的保护与救济。

1.3 国内研究现状

我国对于大规模侵权的研究历史并不长，可大致分为两个阶段。

第一阶段为概念形成阶段，即大规模侵权概念与侵权损害赔偿社会化理念的提出阶段。在该阶段之中，最初学界的关注焦点主要集中在环境侵权领域，虽然大规模侵权的概念并未明确提出，但是在环境污染领域已有学者认识到该侵权类型具有特殊性。比如陈泉生教授在其所著《环境法原理》一书中基于环境侵权的广泛性提出了在我国建立环境受害行政补偿的设想。① 2002 年欧阳晓安教授在《环境污染侵权责任制度的完善探讨》一文中虽未提及大规模侵权，但从"受害地域广阔、受害人数众多、赔偿数额巨大、加害者难以承受"的角度阐释了环境污染侵权的社会性，进而提出了损害赔偿社会化的构想，主张建立责任保险与损害赔偿基金制度。② 大规模侵权作为整体概念予以提出是在 2006 年。朱岩教授在《大规模侵权的实体法问题初探》一文中，在美国法中"mass torts"的基础上考虑到该侵权类型的损害对象和损害后果的特殊性，提出了"大规模侵权"概念，并详细论述了大规模侵权的概念、种类以及实体法层面的特质。③ 同年，陈鑫研究员翻译美国马里兰大学吉福德（Donald G. Gifford）教授的《公共侵扰与大规模产品侵权责任》（*Public Nuisance as a Mass Products Liability Tort*）时使用了"大规模产品侵权责任"的表述。④ 随后，关注侵权损害赔偿社会化的学者渐趋增多，纷纷提出了建立环境侵权损害赔偿社会化制度的构想。⑤

在本阶段中，我国学界已经认识到环境侵权具有不同于传统侵权类

① 陈泉生. 环境法原理［M］. 北京：法律出版社，1997：25.
② 欧阳晓安. 环境污染侵权责任制度的完善探讨［J］. 重庆环境科学，2002（4）.
③ 朱岩. 大规模侵权的实体法问题初探［J］. 法律适用，2006（10）.
④ 唐纳德·G. 吉福德，陈鑫. 公共侵扰与大规模产品侵权责任［J］. 北大法律评论，2006（00）.
⑤ 宋海鸥. 环境侵权损害赔偿社会化制度研究［D］. 福州：福建师范大学，2015. 陆文彬. 论环境民事赔偿责任社会化［D］. 福州：福州大学，2006.

型的特征，并根据美国法中"mass torts"概念引入了"大规模侵权"概念，为我国的大规模侵权研究奠定了理论基础，而侵权损害赔偿社会化理念的提出亦对我国大规模侵权损害赔偿制度的构建具有重要的启示意义。然而，该阶段由于尚属大规模侵权研究的起步阶段，理论研究深度有所欠缺。首先，研究视野较为狭窄，主要局限在环境侵权领域，对于其他领域的大规模侵权事件关注不够。因而大规模侵权概念的解析大多囿于环境侵权，很少涉及其他侵权类型，在概念与特征的归纳上未体现出大规模侵权事件的共性。尽管朱岩教授在《大规模侵权的实体法问题初探》一文中指出根据大规模侵权的形态可以将大规模侵权划分为"产品责任、医疗瑕疵、环境污染、反托拉斯、证券诉讼或者消费者保护、违反宪法的各种侵犯人权案件、违反国际人权各种公约的行为"，但仅是寥寥数语，并未展开论述。其次，研究主要停留在概念的析出阶段，对于如何应对大规模侵权事件的法律探讨着力较少。虽然一些论文提及了建立责任保险与损害赔偿基金制度以应对大规模侵权，但是理论探讨并不深入，有关责任保险与损害赔偿基金的关系的探讨尚不彻底。

第二阶段为大规模侵权的法制应对阶段。"三鹿奶粉"事件发生后，大规模侵权事件的"杀伤力"在全社会形成了共识，学界积极探索应对大规模侵权的法律举措。而随着 2009 年《侵权责任法》的颁布，传统侵权的救济机制能否适用于大规模侵权成为学界讨论的热点。目前的研究方向大致可分为侵权诉讼、责任保险、损害赔偿基金、行政救济以及多元化救济五种。

在侵权诉讼方面，杨立新教授提出《侵权责任法》能够完全应对大规模侵权，在侵权责任范围、类型、构成要件以及归责原则上都能为大规模侵权提供法律依据。[①] 孙大伟研究员亦秉持相同观点，主张强调侵权法概念，淡化大规模侵权概念。[②] 此外，在侵权诉讼方式内部还存在"惩罚性损害赔偿金方案"与"举证责任倒置方案"。对于前者，陈年冰教授指出为了抑制大规模侵权事件的频发，应积极发挥惩罚性赔偿的惩罚、威慑功能，并从惩罚性赔偿责任的构成要件以及惩罚性赔偿数

---

① 杨立新.《侵权责任法》应对大规模侵权的举措 [J]. 法学家，2011（4）.
② 孙大伟. 我国大规模侵权领域困境之考察——基于制度功能视角的分析 [J]. 当代法学，2015（2）.

额的确立标准方面对惩罚性损害赔偿制度进行了分析。^① 李建华、管洪博教授则是以适用范围以及适用数额为切入点构建大规模侵权惩罚性赔偿制度。^② 对于后者，张红教授针对大规模侵权责任难以认定的特殊性，提出可以在侵害行为与侵害结果的因果关系的证明上进行法技术操作，适用举证责任倒置，由被告证明损害行为与结果之间不存在因果关系。^③ 在责任保险方面，朱岩教授早在 2006 年即提出了通过责任保险解决大规模侵权损害赔偿问题的构想。^④ 粟榆教授更进一步，分析了大规模侵权致害的可保性并以此为基础论证了责任保险相较于其他方案的制度优势。^⑤ 此外，他还对责任保险在大规模侵权损害赔偿制度中的合理性与科学性进行了详细探讨。^⑥ 在赔偿基金方面，张新宝教授以与民事诉讼的关系为标准将基金分为诉讼替代型救济（赔偿）基金与诉讼结果型救济（赔偿）基金，并对两种基金的设立、管理与使用等环节进行了制度设计，^⑦ 而在其领导的课题组草拟的《大规模侵权损害救济（赔偿）基金条例（立法建议稿）》中指出我国建立的大规模侵权损害赔偿基金为诉讼替代型救济基金，即被侵权人只能在侵权诉讼与基金救济中择一而用。^⑧ 此外，邢宏博士详细论证了基金在大规模侵权损害赔偿体系中的特殊意义与作用，并在该可行性与合理性的基础上进行了制度构建。^⑨ 在行政救济方面，刘道远教授指出行政主导型模式不仅能在较短时间内为大规模侵权受害者提供较充分的救济，而且能以较低的成本施以救济，优化配置社会资源，调整各方利益。^⑩ 张力教授、庞伟伟博士认为行政主导型救济方案虽然比其他救济方案优越，但是在实践中

9

① 陈年冰. 大规模侵权与惩罚性赔偿——以风险社会为背景 [J]. 西北大学学报（哲学社会科学版），2010（6）.

② 李建华，管洪博. 大规模侵权惩罚性赔偿制度的适用 [J]. 法学杂志，2013（3）.

③ 张红. 大规模侵权救济问题研究 [J]. 河南省政法管理干部学院学报，2011（4）.

④ 朱岩. 大规模侵权的实体法问题初探 [J]. 法律适用，2006（10）.

⑤ 粟榆. 责任保险在大规模侵权中的运用 [J]. 财经科学，2009（1）.

⑥ 粟榆. 大规模侵权责任保险赔偿制度研究 [D]. 成都：西南财经大学，2014.

⑦ 张新宝. 设立大规模侵权损害救济（赔偿）基金的制度构想 [J]. 法商研究，2010（6）.

⑧ 张新宝，葛维宝. 大规模侵权法律对策研究 [M]. 北京：法律出版社，2011：23.

⑨ 邢宏. 论大规模侵权损害赔偿基金 [D]. 武汉：华中科技大学，2013.

⑩ 刘道远. 大规模损害侵权行政救济模式法律问题探析 [J]. 河南师范大学学报（哲学社会科学版），2011（5）.

仍暴露了很多不足，需要从参与机制、追偿机制、赔偿规则上予以完善。①

以上均为一元救济方案，而对于多元化救济的研究实则更早，其与早期学者提出的损害赔偿社会化的理念是一脉相承的。该方案的学者普遍认为一元化的救济方案已无法解决大规模侵权的损害赔偿问题，多元化的大规模侵权损害救济机制才能有效回应大规模侵权的救济需求，但是对于该机制中各种方式的适用位阶莫衷一是，比如王利明教授的侵权赔偿责任与保险赔偿、社会救助并行模式②，熊进光教授的侵权法制度、责任保险、社会保障、行政补偿、赔偿基金互补模式③，王成教授的责任保险为主、赔偿基金为辅模式④，李敏教授的侵权责任主导模式⑤，张乐教授的责任保险主导模式⑥等。

各方案针对我国大规模侵权救济的必要性与紧迫性，从法律角度出发为解决现实救济问题提供了不同维度的思考路径，极大地填补了法律应对的空白，对我国大规模侵权损害救济制度的建立与完善具有重要意义。然而，各方案的研究亦存在一些不完备之处，有待进一步深化。在侵权诉讼的研究上，尽管学者指出《侵权责任法》能够为大规模侵权的救济提供法律依据，但是对于大规模侵权在《侵权责任法》中居于何种位置的论证是不充分的，因而大规模侵权类型与现有侵权框架下的一般侵权、特殊侵权难以实现逻辑自洽。在责任保险方面，尽管学者认识到了在加害者赔偿能力不足时责任保险能够确保损害赔偿的落实，但是基于责任保险对于侵权责任的"寄生性"——责任保险的启动以侵权责任的认定为前提，如何在目前侵权责任制度应对大规模侵权的实效性尚有不足的情况下实现责任保险的救济还有待研究。在损害赔偿基金方面，尽管我国学者对于基金在大规模侵权救济方面的有益性已有所认识，并对如何在我国构建大规模侵权损害救济基金制度进行了构想，但

---

① 张力，庞伟伟. 大规模侵权损害救济机制探析 [J]. 法治研究，2017 (1).

② 王利明. 建立和完善多元化的受害人救济机制 [J]. 中国法学，2009 (4).

③ 熊进光. 大规模侵权损害救济论——公共政策的视角 [M]. 南昌：江西人民出版社，2013.

④ 王成. 大规模侵权事故综合救济体系的构建 [J]. 社会科学战线，2010 (9).

⑤ 李敏. 多元化救济机制在大规模侵权损害中的建构 [J]. 法学杂志，2012 (9).

⑥ 张乐. 责任保险在多元化的大规模侵权损害赔偿机制中的地位 [J]. 河南师范大学学报（哲学社会科学版），2016 (2).

是由于我国引进基金救济方式从 2009 年才开始，至今仅有两例，因此可予研究的实践素材稀缺，需从国外已有基金研究中汲取有益的研究成果。然而，目前对于域外大规模侵权损害救济基金实践的研究者并不多。在行政救济方面，尽管研究指出了行政力量比其他救济方式更能保证对被害者救济的及时有效性，但是对于为实现救济拨付大量的国家资产，转而使纳税人为侵权企业埋单的依据的论证有所欠缺。而对于多元化救济的研究，虽然学者指出一元救济方案难以应对大规模侵权损害赔偿，但是在多元救济方式的优越之处以及多元救济中各个救济方式如何实现有效的衔接方面尚有待深入。

1.4　日本研究现状

日本对于受害范围广泛、侵害人数不特定、损害结果极为严重的侵权事件并不以"大规模侵权事件"定义，而是作为广义的"公害"概念加以把握。由于公害在日本的发展历史极为悠久，因而日本也被称为"公害列岛"，在公害损害赔偿问题上的研究自然也是浩如星河。日本在公害损害救济制度方面的研究可大致分为两个方向：侵权责任框架内的改革与侵权责任框架外的改革。

1.4.1　侵权责任框架内的改革

由于在公害问题中，行为人过错与因果关系的认定是难点，因而学者在此两点上的研究尤其深入。

1. 过错与违法性

日本的侵权法学界在过错与违法性的关系上一直存在着复杂的理论对立，尤其在公害事件中，过错与违法性的关系更加错综复杂。一方面，有学者主张在过错要件中将损害防止义务客观化；另一方面，又有学者坚持在判断违法性时对行为人的主观样态亦加以考虑，主观要件与客观要件的界限渐趋模糊。在过错上的理论创新可分为两个方向：一种是打破原有的侵权责任构成要件；另一种是维持原有构成要件而予以再

11

次评价。

（1）侵权责任要件一元论。

代表理论有新受忍限度论、新过失论、新类型论、新违法性论。

①新受忍限度论。先前的受忍限度论认为，公害的被害者或者潜在被害者，基于社会共同生活的需要不得不在一定范围内对公害予以忍受，无权提出损害赔偿或者停止侵害的请求。而新受忍论者更为激进，废止了侵权责任要件的权利侵害（违法性）与故意、过失的二元构成，将要件集中在"损害超过了受忍限度"的一元判断，即只要造成了重大的损害结果，侵权责任即成立。① 新忍受限度论在对加害者与被害者的情况进行相关的判断上是有弹性的，即便加害者具有极为完备的事故防止设备，损害也有可能成为赔偿的对象，为课以企业更加严格的注意义务提供了理论依据。②

②新过失论。该理论认为，过错而非违法性是侵权责任的构成要件，在判断是否存在过错时，对被告行为产生损害的极大盖然性、被侵害利益的重大性与课以损害回避义务造成的利益牺牲进行比较衡量。因此在公害事件中，企业行为的自由与被害者利益的保护之间的政策价值判断决定了侵权责任是否成立。③

③新类型论。该理论将侵权行为分为两种类型，第一种类型为意思责任的侵权行为，指普通公民在日常生活中偶发地对他人造成的侵权，归责的根据在于侵权人的意思；第二种类型为行为责任的侵权行为，归责的根据在于行为具有的危险性，以行为样态为依据又可以分为客观责任的侵权行为与结果责任的侵权行为。两者都指向对于社会生活有益而在某种程度上对他人会造成不可避免的损害的行为，但前者指损害比较轻微或者即使重大但影响范围有限，比如机动车驾驶行为与医疗行为；后者指危害重大并且影响范围相对广泛，比如大气污染等的公害、医药品等的制造物责任。④

④新违法性论。对故意行为进行归责是基于对行为人意思的非难，而过失行为的归责根据在于对信赖原则的违反，即公民在社会生活中对

---

① 加藤一郎. 公害法の生成と展開［M］. 東京：岩波書店，1968：98.

② 淡路剛久. 公害における故意・過失と違法性［J］. ジュリスト，1970（458）.

③ 平井宜雄. 損害賠償法の理論［M］. 東京：東京大学出版会，1995：26.

④ 石田穣. 損害賠償法の再構成［M］. 東京：東京大学出版会，1977：214.

与其交往的其他个体履行注意义务是保有信赖的，对这一信赖原则的违背即构成了过失。公害事件中，对于企业课以的责任愈加多样化、高度化的原因正是在于公民对企业不应违背该信赖原则的强烈要求。①

（2）侵权责任要件维持论。

面对形形色色的一元论，传统侵权责任论受到了强烈的冲击。为了侵权责任理论在公害事件中的适用能够实现逻辑自洽，在维持侵权责任二元论的框架内亦存在诸多的理论变革，比如新二元论、古典的过失论。

①新二元论。在新二元论中又存在两种理论，即具体的过失论与思考便宜论。具体的过失论是指，在评价违法性时不能仅依据权利侵害或者利益侵害，作为主观违法要素的故意、过失也是必要的判断因素。故意是对违法性的认识，考虑具体的过失则是对有责性的考量。② 思考便宜论是指，在判断侵权责任是否成立时，权利侵害与故意、过失的要素均会被予考虑，为了思考的便利性，以二元作为区分更为便宜。③

②古典的过失论。与先前对于侵权责任要件是由一元构成还是二元构成的讨论不同，古典的过失论是从公害事件中责任企业的过错角度进行的理论重构。企业在造成大规模的损害后果时亦可以用一般的过错理论认定企业责任。④ 企业在对损害结果具有预见可能性的情况下，即便从技术层面看防范措施难以彻底防止损害，或者从经济层面看企业保有该措施并不具有经济合理性，但其置损害结果于不顾仍继续施行加害行为是存在故意的，或至少存在过失。因而在古典过错论中，只要具有预见可能性即存在过错，在公害事件中无须借助无过错责任也能对被害者进行救济。⑤

2. 因果关系

为了缓和公害事件中被害人在因果关系上的举证难度，日本学界提

---

① 前田達明. 過失概念と違法性概念の接近 [J]. ジュリスト，1980（76）.

② 柳沢弘士. 不法行為法における違法性 [J]. 私法，1966（28）.

③ 幾代通. 不法行為法 [J]. 有斐閣，2007：90.

④ 西原道雄. 公害に対する私法的救済の特質と機能 [J]. 法律時報，1967（39）.

⑤ 牛山積教授在《公害判决的开展与法理》（《公害裁判の展開と法理》）、清水诚教授在《公害判例的现代课题》（《公害判例の現代的課題》）、泽井裕教授在《公害的私法研究（补充）》（《公害の私法的研究（追補）》）中对该理论有详细阐释。

出了三种理论。一是盖然性说。公害诉讼中的被害人对于因果关系的证明只要达到相当程度的盖然性即可。① 二是事实上的推定理论。原告在通过直接的证据不能对应当举证的事实（主要事实）予以证明的情况下，若能从经验法则出发对能够推出主要事实的间接事实加以证明，则主要事实被予推认。② 三是疫学的因果关系论。在证明某因子与疾病之间存在因果关系时，从疫学的角度对以下四个方面予以证明：第一，因子在结果出现的一定期间前已存在；第二，因子与结果之间存在量与效果的关系，因子增多结果发生的可能性也增大；第三，因子的分布消长与结果特征之间不存在矛盾；第四，因子与结果的关系在生物学上不存在矛盾。③

在公害事件的冲击下，日本学界提出了侵权责任要件的调整理论，对适用侵权理论解决公害问题是极为有益的。然而这些研究均仅从侵权责任要件中的单一要件出发，对个别要件予以修补，未从整体上对侵权责任要件加以把握，研究的整体性有所欠缺。另外，从日本现有的救济实践来看，侵权行为法在公害事件的救济上仍存在实效不足的缺陷。公害事件的特殊性不仅在于其形成机制极为复杂，很多情况下现有科学技术无法对其加以圆满解释，致使因果关系、过错要件难以认定；而且由于其波及范围广泛且群体庞大，损害赔偿数额动辄即为天文数字，普通的责任主体常难以承受。而责任追究囿于当事人两极关系的侵权责任机制对于责任人赔偿能力不足时如何救济公害事件的受害人通常显得"力不从心"。该侵权责任研究未能对此予以完善，使之更妥帖地应用于公害问题的解决，研究的深度尚有不足。

1.4.2　侵权责任框架外的改革

第二层次是突破侵权责任的框架，在民事诉讼之外的理论探索。

1. 非诉纠纷解决理论

作为非诉纠纷解决方式，替代性解决争议模式（alternative dispute

---

① 泽井裕. 公害の私法的研究［M］. 東京：一粒社，1969：56.
② 最判昭和39.7.28 民集18 卷6 号1241 頁。
③ 戒能道孝. 公害法の研究［M］. 東京：日本評論社，1969：260.

resolution，ADR）在日本公害救济实践中亦发挥了重大作用，尤其是行政型 ADR 得到了极大范围的适用。日本在 1970 年制定了《公害纠纷处理法》，1972 年制定了《公害等调整委员会设置法》，构建了行政处理公害纠纷的基本制度。具体而言，在国家层面设立了公害调整委员会，在都道府县层面设立了公害审查会，作为公害纠纷处理的专门机关，对公害事件中的当事人进行斡旋、调停、仲裁和裁定。

2. 责任保险理论

适用于侵权责任领域的保险类型通常为责任保险，其通过社会化分担的形式将侵权行为产生的损害分散到加入保险的多数人之间。在日本公害救济实践中，核事故责任保险、环境污染赔偿责任保险、劳动者灾害补偿保险均为责任保险的典型表现。

3. 基金理论

受新西兰的无过错补偿制度的启发，加藤雅信教授提出创设"综合救济系统"以消解侵权行为制度①，此乃较为彻底的基金理论。他指出，包含侵权行为制度在内的现行救济系统具有实效性不足、滋生社会负面效应、消极裁判以及补偿制度间存在矛盾的问题，应将损害救济予以社会化，将现有各种救济制度的资金注入一个"基金"之中，建立一个与责任保险、社会保障相结合的社会分担风险的机制。"综合救济系统"对侵权行为制度进行了否定，其更侧重于补偿，旨在对所有受到损害的被害者进行经济的填补，无论该损害出于何种原因。然而受日本社会现实所限，"综合救济系统"并未得到施行。在日本公害救济实践中，较为广泛存在的基金形式为企业、国家、地方公共团体作为出资主体，共同构建"资金池"以保证对公害被害群体的损害进行持续填补。

该理论研究突破了传统侵权行为理论，在侵权责任框架之外提出了公害的解决机制，为公害救济提供了新的思考方向，有益地补充了日本的损害赔偿体系。然而该研究对日本社会现实的关注有所欠缺，其中的部分方案并未对于公害的救济需求予以有效的回应，比如"综

---

① 加藤雅信. 損害賠償から社会保障へ——人身被害の救済のために［M］. 東京：三省堂，1989：112.

合救济系统"构想。"综合救济系统"旨在构建一个不管损害出于何种原因，被害者均能因此获得救济的机制。其建立在基金理论的基础之上，将该理论贯彻得更为彻底。"综合救济系统"的提议虽然近乎完美，但在日本的社会背景下仅为"乌托邦"式的存在：该救济系统的创设意味着现行救济制度须进行彻底变革，既涉及既有法律资源的整合，亦关涉不同法律部门之间的衔接，工程量十分巨大。而不区分事故类型地统一化解决损害赔偿问题，势必造成向该救济系统申请的人数激增，在人员与机构的配备、完善上极有可能付出更加高昂的成本。随着日本社会保障水平的日趋低下，在经费上存在过多需求的该构想愈加难以付诸实践。

1.5　研究方法和研究思路

1.5.1　研究方法

埃德加·博登海默（Edgar Bodenheimer）教授曾言："法律就像一座包括很多房间和拐角的大厦，仅用一盏灯在同一时间内照亮这座大厦的每一个角落是非常困难的。"① 因而为了在深入探究日本公害救济制度的基础上对我国的大规模侵权损害救济制度的完善提出建议，本书运用了多种研究方法。

1. 历史研究方法

任何一项法律制度的产生都依存于当时的社会背景、历史条件，脱离历史条件而建构的制度只能是"空中楼阁"。历史的发展推动理论的更新，而理论的变革影响着制度的发展趋势。大规模侵权事件的频繁发生导致了具有针对性的损害救济制度的创设，然而为何已有的制度不能满足大规模侵权的救济需求？为何现实对于该制度的需求虽已极为迫切，但该制度仍"犹抱琵琶半遮面"？这些都需要在已有的

---

① 埃德加·博登海默. 法理学——法律哲学与法律方法［M］. 邓正来译. 北京：中国政法大学出版社，2004：198.

制度中寻求答案。而且，一项良好的制度理应顺应社会发展趋势，这就要求大规模侵权损害救济制度应当与民法的发展动向保持一致。通过对损害救济理论的发展历史进行探究，能够为大规模侵权损害救济确立科学的制度定位。

2. 实证分析方法

大规模侵权损害救济制度是针对大规模侵权事件中被害者的救济需求而设立的，因而明确大规模侵权事件的被害者在现实中究竟存在何种救济需求是必要的。大规模侵权不同于一般侵权类型，其在广泛的地域范围内造成了多数且不特定的人群遭受损害，正是因为这一特点，救济路径的选择不能再因循传统侵权类型。只有通过实证分析真正发现现有救济制度的缺陷所在才能进行有针对性的制度设计。首先，由于大规模侵权事件致害对象广泛且常关涉公民的生命权、健康权及财产权，但个体本身的差异又致使被侵害对象在大规模侵权事件中受到的损害有所不同，因而大规模侵权损害救济制度在制定救济数额标准时必须要通过实证分析，根据现实情况做出合理的补偿方案以满足现实的救济需求。其次，由于大规模侵权损害救济制度是新兴事物，故该制度的运行效果有待实践的进一步检验。通过听证、回访的形式扩大民意参与，以救济对象的意见回馈作为参考，在实践不断丰富的过程中实现大规模侵权损害救济制度的进一步完善。

3. 比较研究方法

法律制度之间都是相互联系的，没有任何一项法律制度是一座"孤岛"。日本在公害救济制度上的研究已有较长历史，而目前我国在大规模侵权损害救济制度上的研究尚处于起步阶段，以其他较为成熟的制度研究作为参考，无疑对我国的制度研究大有裨益。本书的比较分析从以下三个层面展开：

第一层面是对日本各领域的公害救济制度的比较分析。自 20 世纪 50 年代"四大公害事件"① 开始，日本社会即被各种公害事件困扰，如药品公害事件、食品公害事件、核公害事件、石棉公害事件等。对此，

---

① 伴随着日本经济的高速发展，日本陆续出现了被称为"四大公害"的熊本水俣病、新潟水俣病、富山痛痛病、四日市哮喘病。

实务界对于如何应对公害事件进行了积极的探索，既探讨了公害诉讼的形式，又探讨了损害救济基金的方式。通过对日本各领域的对策效果进行探究，能够明确何种路径更适宜解决该类事件的救济需求，值得被予大范围推广。该层面也是本书研究的重点。

第二层面是对我国大规模侵权损害救济制度与日本的公害救济制度的比较分析。日本在公害救济制度上的研究已初具成果，在众多领域中已将研究成果运用于实践，建立了专门的损害救济基金制度。我国在大规模侵权损害救济上的研究与日本的研究方向具有一定的相似性，均是将大规模侵权的风险分配至社会承担，推行损害赔偿社会化。因而对于日本研究的合理借鉴，有益于我国《民法典》中相关问题的完善。当然，不可否认的是，我国的法律制度与现实情况同日本存在很大的不同，因而在何种程度上吸纳日本的研究成果并为我所用是研究中必须要重视的问题。

第三层面是对于我国在大规模侵权损害救济制度构建中各种构想的比较分析。目前，我国学界对于大规模侵权的特殊性以及政策应对的紧迫性已达成共识，但是在具体的应对方案上却出现了很大的分歧。选择哪一方案解决大规模侵权损害救济问题，必须要立足在各方案的比较分析之上，明确各方案的优势与劣势，确立一条最佳救济路径。

4. 法律文本研究方法

为了能够在借鉴日本公害救济制度的基础上提出有效的大规模侵权救济对策，法律文本研究方法是必要的。纵观我国已有的大规模侵权损害救济实践，不难发现，目前的救济机制实无法及时而有效地满足受害群体的需求。实践中暴露的问题正是大规模侵权损害救济制度尚不完善之反映，所以有必要审慎而细致地发掘制度中的不合理之处，将目光反复往返于法律与事实之间。通过对我国《民法典》《民事诉讼法》等法律文本的探究，找到现有机制无法妥帖地解决大规模侵权问题的症结，以此为基础提出有效的改善之策，从而化解实践中救济不完善之困境。

5. 价值分析研究方法

价值分析研究方法是指从社会现象的价值属性出发探寻一定社会价值或理想的方法。面对大规模侵权造成的巨大损害以及受害群体迫切的救济需求，正义分配既须达致社会不同主体间的利益衡平，同时也应尽可能地使践行法律程序的经济成本最小化。本书通过对日本公害救济实践的探究，明确了日本在公害应对上的法制发展趋势——侵权损害赔偿社会化；而从我国大规模侵权与日本公害事件的现状入手，明确了两国在该类事件的应对上面临相同的难题，即传统民事诉讼模式的适用已"捉襟见肘"。如此便找到了将日本公害救济制度中的侵权损害赔偿社会化模式运用到我国大规模侵权损害救济制度建构中的连接点，为我国借鉴日本制度以完善大规模侵权损害救济基金制度提供了正当性与妥当性基础。

1.5.2 研究思路

本书从我国大规模侵权事件与日本公害事件的共通性入手，以日本在公害事件上的对应举措为研究对象，为我国大规模侵权损害救济制度的完善提供借鉴。首先，论述了公害事件对于日本的传统侵权责任理论造成的冲击以及对此日本进行的理论革新。其次，立足于日本的公害救济实践，对大气污染、药品公害、食品公害、石棉公害、核公害等事件之中日本的应对举措进行分析，把握日本在该类公害事件中的损害救济方向。最后，分析我国已有的救济实践并结合日本在公害救济实践中的有益经验，在论证对日本公害救济制度借鉴的必要性与可行性的基础上提出我国大规模侵权损害救济制度如何完善的构想。

1.6 研究难点、创新点以及不足

1.6.1 难点

本书的研究有三个难点。一是国内在大规模侵权损害救济制度构建与完善的研究方面对于英美等国家的制度关注较多，对日本的制度研究相对较少，因而本书对于日本公害救济制度的分析与论述多以笔者在日本留学期间搜集的日文相关专著与期刊为基础，但是回国后获取日文资料有所不便，很难立足于日本最新研究成果进行理论的进一步深入。二是对于大规模侵权损害救济制度的构建存在多种方案的探讨，其中亦涉及保险领域、社会保障领域等，涵盖多学科的比较分析为本书研究的进一步深入设置了一定的难度。三是结合《民法典》规范体系的现状，在何种程度上吸收日本公害救济制度的有益成分，是本书的又一难点。在对日本的公害救济制度进行梳理与研究之后，本书论述了该制度对我国某些现实问题的独特价值，然而对于该制度哪些部分能够直接予以吸收，哪些部分要立足于我国国情予以适当转化而不致破坏我国现有的制度体系，在本书的研究中应尤其加以重视。

1.6.2　创新点

1. 研究资料新

为了本书研究的展开，作者搜集了大量的日文文献，共参阅日文专著百余本，日文期刊500余篇，并在日本留学期间浏览了大量介绍公害救济制度的网页。此外，研究资料不仅量多而且质优，研究过程中笔者时刻关注日本的理论研究新动向，尽可能地获取最新研究成果，比如吉村良一教授的《不法行为法（第5版）》（2017年）、窪田充见教授的《新注释民法（15）》（2017年）。当然本书并不是对日文资料的简单罗列，而是在归纳与整理的基础之上对日本的公害救济制度进行理论探讨。

2. 研究内容新

目前我国对于大规模侵权的严重危害性已深有体会，并且学界对于确立大规模侵权的法律对策的呼声也越来越强烈，但是在方案的选择上却未能统一。本书围绕日本在诸多公害事件上的对应举措，展开了多角度、多层次的系统性论证，对于不同方案的优劣性进行了清晰的展示，并进一步揭示了大规模侵权的损害赔偿社会化的趋势，丰富和拓展了我国现有的相关研究。

3. 研究方法新

本书采用了比较研究的方法，不仅包含中国的大规模侵权损害救济制度与日本的公害救济制度的对比研究，还包含日本社会各领域的公害救济制度之间的对比研究。目前国内对于日本该制度的关注者虽有之，但多从日本某一领域的公害事件切入，并未对日本公害救济制度的全貌加以把握，而"管中窥豹"未必能够把握日本公害救济制度的精髓，为了避免此可能导致的认知偏颇，对各领域的比较研究是十分必要的。此外，虽然日本在救济实践中的有益经验能够为我国的制度建设提供借鉴，但是在参考过程中我们却无法回避诸多问题，比如为何在某些领域日本建立了损害救济基金，而在某些领域却未建立？在建立损害救济基金的领域，基金与基金之间又存在何种差异？为何会存在此种差异？这些问题仅凭单纯的中日对比研究是无法回答的，仍要依靠具体制度之间的系统化研究予以解答。

1.6.3　不足

尽管本书对于大规模侵权损害救济制度进行了很多积极的探索，但是仍存在较多不足，有待进一步的深化完善。首先由于受专业背景所限，作者对于保险领域、社会保障领域的研究不够深入，所以在方案比较分析时理论深度尚有欠缺，多数情况下易"浅尝辄止"。其次，相较于国内法律制度的研究，对于日本法律制度的研究难度较大，尤其是在日本并无"大规模侵权"表述的现状下，本书选取了日本社会中几个比较典型的公害领域作为研究对象，试图对日本的公害救济制度予以整体把握，但是也可能存在论证对象选取不足的缺陷。最后，无论是国内还是国外的侵权法学界，直接针对大规模侵权损害救济基金进行的论证仍相对较少，因而如何科学合理地借鉴日本法律制度，既能取其所长，又不至于破坏我国已有的法律体系，既是本书研究的难点，也是本书可能存在的思考不足之处。日后的进一步研究将致力于克服上述不足，对制度构建进行进一步的完善。

第 2 章 日本公害救济理论

全球进入风险社会后，各种风险呈现出了爆发式的发展态势，不仅风险类型繁多且结构复杂，而且风险极易转化为现实灾难，引发人类社会发展的公共危机。日本亦概莫能外。20 世纪日本国内的公害如同火山之喷发，席卷了社会生活的方方面面。很长一段时间内，日本民众谈其色变，避之唯恐不及。现代公害事件的产生与愈加频繁的人类活动以及由此导致的活动领域不断加深与扩大是分不开的，同时现代工业社会制度亦是促进公害事件持续升级的有力社会性因素。二战后百废待兴的日本，在经济至上、产业优先理念的支配下，片面追求经济发展，大力推行经济救国、经济强国的治国方针。日本政府鼓励进行大规模的地域开发，设立工业开发区，而为了满足开发过程中对矿产品和原料的需求，政府极力支持工矿业扩大生产。一些企业在国家政策的扶持下，只顾获取高利润、高回报，对于收益甚微的环境破坏防控措施的投资与开发漠不关心。疯狂的经济建设虽然促进了日本的经济繁荣，但日本社会也为此付出了沉重的代价：生态环境被彻底破坏、众多公民沦为公害事件的被害者而遭受肉体与精神的双重痛苦。为此，如何给予公害事件的受害者妥当而周全的救济成为日本理论界尤其是侵权法学界重点关注的问题。

2.1 基于责任追究个体化的公害救济理论

传统的救济机制关注的是如何在当事人的两极关系中转移损害，也即根据一定的规则，损害或者由加害者一方承担，或者由受害者一方承担。从传统的损害赔偿视角来看，损害当然地由加害者予以填补，只有

在受害者无法证明损害相关要素时才由其自身承受，此乃责任针对性之
必然。无论是侵权责任救济，还是 ADR 制度，均是将损害赔偿的主体
范围限定在当事人的两极格局之中，在归责原则的指引下确定最终的责
任主体。

2.1.1　侵权责任救济理论

　　民法是权利法和自由法，侵权行为法当然也不例外。侵权行为法通
过将损害在加害方与受害方之间进行转移，一方面使损害获得了实质填
补，另一方面也实现了预防、抑制侵权行为再次发生的目的。在侵权责
任认定的基础上，个体的权利空间被相应调整，行为自由亦得以界定。
侵权责任救济作为传统的救济机制，根据行为者自担风险的原则，使不
利益由加害者承担，确立了相对公平、合理的利益分配原则，在人类的
工业文明时代发挥了无可比拟的作用。但是随着人类风险社会的来临，
风险责任主体的模糊与缺位导致了侵权责任救济方式陷入了深刻的危
机。在新的时代背景下，侵权行为法的价值和理念要得到延续，就必须
根据既有的社会变化创造出新的存在方式，以避免其作为平衡秩序的力
量被削弱。

1. 侵权责任要件的构成

　　日本民法典已有百年历史，目前正处于修订阶段。《日本民法典》
709 条是对一般侵权行为的规定，即因故意或者过失侵害他人的权利或
者利益者负有损害赔偿的义务；《日本民法典》714 条至 724 条的款项
以及一些特别法（如《产品责任法》《自动车损害赔偿保障法》《不正
当竞争防止法》等）是对特殊侵权行为的规定。然而伴随着社会中形
形色色的新侵权类型的出现，无特别规定时若只能适用民法 709 条进行
解释，损害赔偿则会面临一系列的问题。原因在于，建立在基础侵权行
为类型上的解释理论，未必能够对其他侵权类型适用。尤其是在 20 世
纪 50 年代后公害事件频发与特别法不甚完备之间的矛盾日益凸显的背
景下，围绕《日本民法典》709 条要件的讨论大量展开，对传统的侵权
责任理论造成了巨大冲击。

　　在日本民法典制定之际，《日本民法典》709 条的原始表述为"因

故意或者过失对他人权利造成侵害者负有损害赔偿义务"。根据当时的通说，民法 709 条侵权行为的构成要件分为主观过错要件、行为要件、权利侵害要件、责任能力要件、因果关系要件以及损害要件。① 然而随着侵权类型的日渐丰富，若仅将侵权客体限定于"权利"将会极大地限制、缩小救济范围，有违侵权行为法的立法宗旨。因而在"大学汤事件"② 等判例的影响下，《日本民法典》在 2004 年现代语改革之际，对 709 条进行了"因故意或者过失而对他人的权利或者利益予以侵害者负有损害赔偿义务"的修改。自此，侵权责任要件转变为行为要件、权利或法益侵害要件（也可只称权利侵害要件）、主观过错要件、损害要件、因果关系要件、责任能力要件。

《日本民法典》709 条作为侵权责任的基础性条款，除 2004 年有所修改外，长期以来一直保持着稳定状态。从表面看该 709 条似在损害赔偿实务中争议不大，在理论界实则"暗潮汹涌"。尤其是公害事件的肆虐，使得以原有模式解释 709 条招致了一系列适用困境，被侵权人的权利或者利益无法得到圆满的救济。故而为了回应公害事件被害群体的救济需求，学界围绕各构成要件的讨论一直如火如荼，要件的内涵亦在不断发展。

2. 侵权责任要件的变革

基于侵权责任救济，受害者一方通过证明侵权责任要件的成立使加害人一方负有损害赔偿责任，实现对自身损害的填补。在一般侵权类型

---

① 我妻荣. 事务管理·不当得利·不法行为（新法学全集）[M]. 東京：日本評論社，1937：178.

② "大学汤事件"判决首次改变了之前在侵权责任认定中仅以"权利损害"为要件的方式，具有划时代的意义。案件概要：甲在某大学附近经营一所名为"大学汤"的澡堂，后甲将"大学汤"的名号出售予乙且一并将澡堂的经营权租赁予乙。乙经营了一段时间后，与甲解除了租赁合同并欲出售"大学汤"名号。然而，期间甲又将澡堂的经营权租予丙并允许其继续使用"大学汤"的名号进行经营。丧失出售"大学汤"名号机会的乙对甲、丙提出了损害赔偿请求。原审在之前判决的基础上，认为"大学汤"的名号并非权利，因而对它的侵害不能构成侵权行为。然而大审院以以下理由废弃了原审判决：民法 709 条的保护范围不仅限于所有权、地上权、债权、名誉权等所谓的具体的权利，也包括在严格意义上未被视作权利但从法律观念来看有必要得到侵权责任救济的利益。由于"大学汤"澡堂经营历史悠久，具有一定的知名度，因而这种老字号本身就具有一定的经济利益。甲的行为导致了乙无法出售该老字号而丧失了期待利益，在法律观念上有必要对该利益加以保护，赋予被侵害者基于侵权行为的损害赔偿请求权。"大学汤事件"判例标志着民法 709 条侵权责任要件中的"权利侵害"要件开始被予广义解释，"法律上被保护的利益"亦在客体要件的射程之内。

中，受害者通常能够通过该救济机制获得妥当且有效的保护，但是在公害事件中基于责任要件证明的困难性，其极有可能碍于此而无法得到应有的救济，只能自身承受全部的损害。而反观加害者一方，其亦可能因损害赔偿数额过于庞大而无法切实履行损害赔偿责任。对此，侵权责任救济方式在公害事件受害者保护上的不力促使其进行积极的变革。

（1）权利侵害要件。

①权利侵害要件的违法性"解读"。"大学汤事件"判决做出之后，日本学界对权利侵害要件的违法性解读呈勃然之势，代表人物有末川博教授。末川博教授的主要观点如下：从罗马法以来侵权制度的发展来看，通常将违法地对他人造成损害的行为界定为侵权行为，权利侵害并非侵权责任的绝对要件。权利受法律所保护，侵害权利即破坏法律秩序当属违法，故而权利侵害要件只是侵权行为违法性的表征。民法709条中虽然规定了权利侵害要件，但是在当今复杂的社会条件下仅以此限定侵权责任的成立并不妥当，现实中仍存在大量未造成权利侵害仍被评价为违法的情况。①

然而违法性的概念是极为宽泛的，在将权利侵害要件进行违法性的替代解读时，采用与先前权利侵害要件有所不同的判断结构极有必要。对此我妻荣教授对于在何种情况下认定违法性进行了解答。当侵权责任制度的目的为最大限度地保障个人自由时将权利侵害作为侵权行为构成要件是合理的，但是现代侵权责任的基础已经发生了改变，对损害公平妥当地进行分配成为制度的核心，因而侵害行为的违法性要件取代权利侵害要件符合社会发展趋势。然而，由于社会上存在各种利益，从已予承认的确实权利到欲于承认的新型权利，类型不同，保护的程度亦有所不同，对权利属性较强的客体的侵害比权利属性较弱者违法性程度更大。同样，侵害行为亦种类繁多，如一般的违反法律而被禁止的行为、情节严重而触犯刑法的行为、虽有损害结果出现却被认定为正当行使权利的行为等，侵害行为的样态亦在不同程度上影响着违法性的判断。因此，我妻荣教授提出，在违法性判断时应将被侵害利益的种类与侵害行为样态进行相关判断，这也被称为违法性相关关系说。根据该说，若被侵害客体权利属性极强，侵害行为的非难性即便较弱也构成违法，比如

------

① 末川博. 権利侵害論［M］. 東京：日本評論社，1949：60.

所有权被侵害时，原则上不论侵害行为为何种样态均可认定违法。反之，若被侵害客体的权利属性较弱，违法性的成立须侵害行为极强的非难性予以补足，比如营业的利益被予侵害时，手段显著不当才构成违法。

在社会中各种侵权行为类型不断涌现之后，以"权利"界定保护客体的范围显然不够周全，以违法性要件取代权利侵害要件无疑具有理论的妥当性。该观点在判例上也被采用并且在战后逐渐发展成为通说，1947 年的《国家赔偿法》即体现了该理论成果：对于公务人员在执行公务过程中侵权责任的认定，不再以权利侵害作为要件，而是采用了违法性概念，在《国家赔偿法》第 1 条第 1 款中即有"因故意或者过失违法造成损害"的表述。然而，此后该观点亦受到了学界的批判，柳沢弘士教授认为，在相关关系说中作为违法评价对象的被侵害利益种类与作为违法评价基准的侵害行为样态，虽然在理论上是不同的，但是在同一客观层面上区分与判断两者是不可能的，最终在违法性判断时仍要考虑加害者的主观要素。倘若如此，故意、过失要件的独立性则被极大地减弱，违法性要件与故意、过失要件是否还有必要区分即成为问题。①尤其在公害事件大肆泛滥的刺激下，对于相关关系说的批判愈加高涨。原岛教授认为，末川说将违法性分为以权利侵害为表征的违法性与除此之外的违法性，对于前者，由于权利侵害是违法性的表征，故存在权利侵害即可直接肯定违法性，而对于后者，因利益被侵害并不能直接认定违法性，还须在对侵害行为样态进行考虑的基础上才能判断是否构成违法。然而该相关性立场致使权利侵害与利益侵害之间的区别趋于模糊，可能导致即便存在权利侵害仍对侵害行为样态加以考虑而最终否定违法性的结果。在公害事件中更是如此，在很多公共事业导致公害的场合，虽然被害者的权利受到侵害但是仍以企事业单位行为的公共性或者社会的有用性为由否定了加害者的侵权责任。②

总之，违法性相关关系说提出了在判断违法性时的具体标准：被侵害的客体若权利属性强，则对侵害行为样态的非难性相应减弱；被侵害的客体若权利属性弱，则对侵害行为样态的非难性相应增强，两者始终保持此消彼长的平衡。在侵权行为客体要件的扩展上违法性相关关系论

---

① 柳沢弘士. 不法行為法における違法性［J］. 私法，1966（28）.
② 原島重義. わが国における権利論の推移［J］. 法の科学，2011（4）.

的意义无疑是显著的，其使某些利益也纳入了侵权行为法保护的范围，并且明确了何种利益应受到保护。但是，诚如原岛教授所言，违法性相关关系论亦极易走向另一个极端，相关关系的衡量致使某些应予保护的权利得不到保护而有损侵权责任制度的价值根基。

②权利侵害要件的"复苏"。在违法性相关关系说中，权利侵害仅是作为被侵害客体性质的因素加以考虑，该要件的独立性已然全无。然而在违法性相关关系说受到批判的同时，权利侵害要件论亦得到了一定的"复苏"。首先，在裁判实务中出现了将权利侵害要件予以独立考量的判例，比如高层公寓侵害了景观利益是否构成侵权行为的国立景观诉讼判决。① 日本最高裁判所认为，在良好的景观地域内居住的市民因在日常生活中享受着景观的恩泽，所以与景观客观价值的损害具有密切的利害关系，其享受良好景观的利益应当被法律保护。该判例并非在违法性概念中将权利侵害概念予以吸收，而是将权利侵害或者法的利益侵害作为侵权行为的独立要件加以对待。② 在此种意义上，权利或者法益侵害要件得到了再生。其次，出现了将侵权行为制度作为个人权利保护制度的观点，山本敬三教授主张将侵权责任制度定位为在以宪法为顶点的法秩序中保障个人权利的制度。③ 他认为，在《日本民法典》中侵权行为法的目的是对被侵害的权利予以保护，故而设置了权利侵害要件，同时为了避免侵害个人自由而采用了过错主义，规定了故意、过失的要件，因而《日本民法典》的中心为权利与自由之间的调整。此后很多学者对侵权责任中权利本位的法律观有所质疑，社会本位的法律观得到强调，侵权责任制度的目的不是权利、自由的保障而是法秩序的维持与恢复的观点愈渐兴盛。然而当今社会很多利益通过宪法上升到了权利，该观点实则从权利论的观点再次出发对侵权责任制度进行构建。

日本权利侵害要件之所以会"复苏"，原因在于侵权行为法保护的利益逐渐扩大并且呈现出多样化，如具有主观化、公共化特征的利益亦可成为保护的对象。在主观化方面，内心的平稳感情亦具有受到保护的可能性；而关于公共化，景观利益等具有公共性格的利益被侵害时，亦涉及侵权行为法的救济问题。正是在扩大被侵害客体的保护这一方向

① 最判平 18.3.30 民集 60 卷 3 号 948 页.
② 大塚直. 保護利益としての人身と人格 [J]. ジュリスト，1998 (1126).
③ 山本敬三. 不法行為法学の再検討と新たな展望 [J]. 法学論叢，2004 (154).

27

上，权利侵害要件再次得到了重视。

（2）故意、过失要件。

《日本民法典》709 条规定了故意、过失要件，对于一般的侵权类型适用过错责任主义。过错责任主义的机能，通常而言是对近代社会中个人活动自由的保障，即个人在行为时只要施以严格的注意，即便对他人造成损害亦不承担责任。过错责任主义使人们对自身活动风险的预测与计算成为可能。同时，过错责任主义亦确立了归责的依据，在未予以适当注意的情况下对他人造成的损害须承担侵权责任。个人行动应在恪守注意义务的前提下避免产生对法益侵害的结果，否则将受到法律的非难。日本的"故意"与我国的"故意"内涵一致，指明知自己的行为结果而仍进行该行为的心理状态。① 由于在故意上观点的分歧历来较少，故不予以展开。对于过失的本质，有两种观点：一种主张过失是行为者不注意或者缺乏紧张的意思状态；另一种主张过失是从客观的行为样态反映出的主观注意的缺乏或者行为人在行动时应予注意而未注意的过错，即注意义务的违反，此亦被称为过失的客观化。学界将过失作为心理状态予以评价的虽占多数，但是在判例上多数情况下将过失评价为注意义务的违反。两种学说虽从主、客观两种不同的维度对过失进行评价，其实却未必具有显著的对立性。对于缺乏紧张意思的心理状态予以归责的根据正是在于，该心理状态导致的行为违反了在行动中避免对他人造成损害的注意义务，心理层面上紧张感的缺乏与注意义务的不履行是一致的。尤其在当今危险内在化的行为大幅增加的背景下，以精神的紧张这种无形的注意来界定过失显然是不充分的。

①过失的具体判断构造。在实践中，过失通常被定义为注意义务的违反，而关于该注意义务的内容，日本学界存在一些分歧，比如平井宜雄教授认为对于该注意义务应考虑以下因素：一是结果发生的盖然性（危险性）；二是被侵害利益的重大性；三是损害结果与课加注意义务所导致的被牺牲利益之间的衡量。② 泽井裕教授则提出决定注意义务水平的因素为以下四种：一是当事人之间的互换可能性；二是侵害行为的危险性；三是损害结果的重大性；四是行为的社会有用性或者损害防止

---

① 我妻栄. 事务管理・不当得利・不法行为（新法学全集）[M]. 東京：日本評論社，1937：103.

② 平井宜雄. 債権各論Ⅱ不法行为 [M]. 東京：弘文堂，1992：30.

措施的难易程度。① 目前日本学界在讨论该注意义务时，通常从结果预见义务与损害回避义务两个维度展开。损害回避义务虽是注意义务的核心，但是须建立在行为人对损害结果具有预见可能性的基础之上。行为人若对于损害结果不具有预见可能性，则对损害结果的回避便不具有期待可能性，相关回避义务的内容当然亦无法确定。

②注意义务程度的发展演变。在传统的简单侵权类型中，如同德国著名法学家耶林（Rudolph von Jhering）所言："使人负损害赔偿的，不是因为有损害，而是因为有过失，其道理就如同化学上之原则，使蜡烛燃烧的，不是光，而是氧，一般的浅显明白。"② 但是随着工业化进程的不断加快，科学技术的利用等招致了一些不可避免的危险性。损害结果一旦发生，则会造成个人以及社会的巨大损失。同时，在某些领域无过错责任的推行也对注意义务的程度界定产生了一定影响，公害事件中注意义务的程度被不断提高。最初日本在产业政策的推动下，为了大力发展工业，对工厂注意义务的要求较低，典型事件为"大阪强碱事件"：大阪强碱化工厂排放的浓硫酸烟雾致农作物受损，农作物所有者向工厂提起了损害赔偿。该事件中大审院③认为，即便大阪强碱化工厂对于损害的发生能够预见，该工厂因具备与其经营事业性质相符合的损害预防设备而不具有过失，从而不承担损害赔偿责任。④ 该判决被认为过于偏重企业利益的保护而有失公平，若对"相当设备"界定为在不危及企业利润的范围内具有的设备，则完全沦为企业保护理论。这一判例充分反映了日本当时的侵权责任认定现状，企业的注意义务被极大地降低，过失仅在极有限的范围内得到承认。

其一，无过错责任。大审院"大阪强碱事件"判决遭到了猛烈的批判，学界纷纷寻求全新的对应举措。学者们认识到，过错责任确立的根据在于行为人在行为过程中施以充分的注意后结果回避是可能的，但在某些企业活动中，即便企业采用当时最高水准的技术仍很难避免损害，此时过错的认定很难实现；另外若企业防止损害的成本过于高昂，

29

① 泽井裕.テキストブック事務管理·不当利得·不法行为（第三版）［M］. 東京：有斐閣，2001：185.

② 王利明. 民法·侵权行为法［M］. 北京：中国人民大学出版社，1996：87.

③ 日本大审院是现行日本最高裁判所的前身，设立于日本明治时期初期，是日本近代的最高法院。

④ 大判大 5. 12. 22 民録 22 辑 2474 頁。

从企业的营利性本质看，未必可因企业未进行损害的防止即谓其存在过错。尤其在公害事件中，一方面企业活动中产生的损害是由于经济原因或技术原因，很难加以防止；另一方面企业活动产生的损害未必具有防止的绝对性，危险在一定程度上属于社会容许的范围。在该情况下，过错责任对于企业责任的认定极为困难，故为了对损害结果进行适当的填补，不论行为者是否具有过错均须承担损害赔偿责任的无过错责任原则相较于过错责任原则更为妥当。

然而并不是所有的侵权行为都能够适用无过错责任，无过错责任仅是在侵权责任认定时的例外原则。无过错责任原则在《日本民法典》中主要有两种表现形式：一是在侵权行为法中予以规定，比如《日本民法典》717 条对土地上的附属物（如桥梁、建筑物、围墙壁障等）所有者因附属物致他人损害的归责即采用的无过错责任；二是体现在特别法之中，比如《大气污染防治法》第 25 条、《水质污染防止法》第 19 条、《原子能损害赔偿法》第 3 条、《矿业法》第 9 条等。无过错责任的实行，使得企业即便不存在过错也需对损害负责，其被追责的可能性大大提高，同时赔偿额度相应地受到限定，超过该定额的部分以过错责任为依据进行追责。在无过错责任基础上被追究责任的企业并不具有过错责任所要求的非难性，其根据为危险责任、报偿责任，最终乃是为了对损害进行公平、妥当的分担。

的确，无过错责任减轻了公害事件中企业侵权责任的认定难度，对于被害者的救济而言是积极的。但是，由于赔偿数额被限定，其亦弱化了侵权企业的责任，限缩了对被害者的救济范围。而且无过错责任论者认为企业产生的某些危险是在具有公益性的社会生产过程中不可避免的产物，应被社会所允许。对此，亦有学者进行了批驳：有何依据可以断言该危险难以避免？究竟是在技术层面不可避免，还是企业为了保持盈利而难以避免？如果在技术上难以避免，为什么不能通过停止生产活动等方式予以回避？以牺牲个体生命、健康的方式坚持的社会经济发展是能够被允许的吗？

其二，注意义务高度化。随着侵权行为法的重心从自由向权利倾斜，对于企业注意义务的要求愈加高度化，这在裁判实务中尤为明显。对于化学工厂在生产过程中是否能够预见排放的物质具有致害性这一点上，新潟地方判决即主张"利用当时最先进的分析、检测技术，对于排放液体中的有害物质的有无、性质与程度等予以调查",肯定了该工厂的预见可能性。另外,这种预见义务(调查研究义务)或者损害回避义务并未将对象限定为特定的原因物质或者特定的被害,例如在"斯蒙病事件"中东京地方裁判所认为不能要求制药公司能够预见斯蒙病的具体病症,只要能预见药物可诱发神经障碍即可,即对预见内容进行了一定的抽象化进而扩展了预见的范围。注意义务之所以日趋高度化,主要源于以下几个种理论。

一是过错、违法要件一元论。在过错与违法性的关系上,存在复杂的理论对立情况。一方面,在考察主观方面是否具有过失时,损害回避义务的客观化常常进入考察视野;另一方面,在判断违法性有无时,通常也会考虑行为者的主观样态。两者的关系极为微妙,因而出现了对两要件统一化、一元化的各种有力主张。这些主张的共同点在于:将过错与违法性要件一元化,在判断侵权行为是否成立时能够对主观要素与客观要素进行综合判断。

一元论与无过错责任的共同点在于:两者均认为对损害发生的预见可能性并非过错认定的主要依据,损害回避义务是重点考虑内容,并对企业生产的某些危险予以容忍。但是一元论在解决公害事件中企业责任问题时,并非与 709 条相分离,而是在 709 条的基础上进行了灵活的处理,这在推行无过错责任的特别法律制度尚不完备的法制背景下无疑是积极的。另外,传统的过失论无法对损害程度与防止义务程度进行相关衡量,而一元论在将主观要件与客观要件统一化的基础上使相关判断成为可能。比如,淡路刚久教授提出了一元说的"新受忍限度论",主张建立一种将加害者与被害者的事项予以相关判断的弹性构造,在该构造下,即便企业采取了相当程度的防止措施,但考虑到损害的严重性,其仍有可能成为赔偿的对象,如此一来,企业被课以严格注意义务成为了可能。后文将有详细论述。

二是预防原则。在环境污染、产品公害事例中,有观点认为高度预见义务的根据在于预防原则。所谓预防原则,是指在环境法中确立的发展性的思考方式,未来损害的发生尽管存在科学上的不确定性,但是损害一旦发生,原状恢复极为困难,且损害越严重,恢复措施越棘手。因而即便对于危险的预测具有不确定性,从预防的立场出发也应尽早采取相应的对策。为此,潮见佳男教授主张,即便在科学上难以证明危险物质与损害的因果关系，但是考虑到损害一旦发生即无可挽回的情况，回避损害发生的风险或者为了减轻损害而进行事先思考是必要的。① 司法实务中此亦有所体现，比如"新潟水俣病事件"的地方判决认为，即便企业为预防损害而配置的设备体现了最先进的技术水平，但是若其生产活动具有对个人生命、身体的危险，则企业被课以的注意义务为一种绝对性义务，即对企业在能够预见损害情况下仍进行的生产活动径行认定为对注意义务的违反；"熊本水俣病事件"的地方判决认为，化学工厂在将废水向工厂外排放时，应当运用最先进的知识、技术对于废水中是否混入危险物质以及对于动植物与人体具有怎样的影响进行充分的调查研究以确保其安全性，若发现其有害或者具有致害的危险，应当立即采取停止经营等最大必要限度的防止措施并且对于地域居民生命健康的损害进行事先的预防。

之前的观点认为，对损害具有预见可能性并不意味着必须以停止生产换取损害结果的避免。是否具有该义务取决于活动有无对社会的实益性，若该活动被社会所允许，则在其造成损害的情况下并不能因为预见可能性的存在即认定企业的过失。比如前述的"大阪强碱事件"判决即以"被允许的危险"为理由对企业实施了过多的保护。而预防原则理论从被侵害利益的重大性、行为的危险性以及社会价值等要素出发将侵权行为类型化，对于具备预见可能性的行为者课以了损害回避义务。在社会日常生活中发生的一般侵权行为，通常预见可能即回避可能，不存在对损害回避义务加以探讨的必要。但在企业活动造成广泛的生命、身体、健康损害的情况下，将损害回避义务课以被害者显然过于沉重，企业能够预见损害则当然地负有防止损害结果发生的义务。

三是市民法的责任论。除上述两种观点外，也有学者从古典的过错理论出发讨论注意义务。西原道雄（1967）主张，在近代初期，为了保障企业活动的自由，过错责任主义得到提倡，随后出于对弱者的保护，在某些事件中对企业责任的追究由过错责任转变为无过错责任。然而，在企业造成了大规模的损害结果，比如在类似"大阪强碱事件"的公害事件中，并非只有在适用无过错责任的情况下才可对企业的侵权责任加以认定。在"大阪强碱事件"判决中，大审院认为鉴于工厂的

---

① 潮見佳男. 不法行为法 I（第二版）[M]. 東京：信山社, 2009：297.

事业性质，其为防止损害的发生已配备了与事业性质相当的防范措施，因而不存在过错。然而，即便从技术层面看防范措施对于彻底防止损害发生是困难的，抑或考虑到该措施的设置对于企业而言经济负担是沉重的，但是企业在明知损害结果的情况下仍继续进行生产是存在故意的，至少存在过失，完全可以适用《日本民法典》709 条认定侵权责任。如果说明知损害的发生无法避免仍对企业活动予以容忍是产业资本主义的产物，那么在当今时代强化企业责任而给予公害的被害者更多保护无疑更符合私法的基础理论。古典过错理论的核心在于认为只要具有预见可能性即存在过错，因而在公害的场合下，企业通常能够对损害的发生具有预见可能性，即便不根据无过错责任，被害者的救济也成为可能。[1]该责任论得到了牛山积、清水诚、泽井裕等公害法研究者的支持，形成了对抗无过错责任观点的有力潮流。该见解与无过错责任的显著区别在于：通说认为公害是可被允许的危险，进而弱化企业的非难性转而从公平的立场出发对企业课以有限额的损害赔偿责任，并非对企业的侵权责任进行彻底的追究。而该理论对企业致害的非难性加以强调，从过错的构成论出发，并非将损害回避义务作为讨论的中心，而是从是否具有预见可能性来判断过错的有无。[2] 若对损害结果能够预见，则行为者存在相应的防止损害结果发生的义务，若损害结果的防止不具有现实可能性，则企业应当停止可能产生损害结果的行为。

　　过错责任在立场具有可交换性与对等性的市民之间是普遍合理的，但是在现代公害事件中，一方为掌握经济、技术、信息的企业，另一方为弱势个人，在民法愈加重视保护弱势群体的观念下，过错责任的适用妥当性不足。市民法责任论正是在现代意义上对过错责任主义再次评价，恢复企业与受害者之间的"互换性"。即便是企业，也应遵守为回避损害而在行动中履行注意义务的市民生活规则，能够预见到损害结果而因怠于注意未予预见，或者以企业活动的社会有益性为理由主张免责等都是不被允许的。市民法责任论与传统的过错责任论虽内容有所不

33

---

　　① 　西原道雄. 公害に対する私法的救済の特質と機能［J］. 法律時報, 1967（40）.
　　② 　市民法责任论者在判断违法性时并非完全排除了损害回避义务，比如牛山积教授指出损害回避义务仍须在违法性中予以考虑，即对于损害回避义务的探讨不过是从过错要件转移到了违法性要件。因而在某些公害案件中虽然对于企业的损害回避义务未在过错中评价，但是在违法性判断中仍会对损害回避义务进行考虑，若企业履行了损害回避义务则违法性不成立进而侵权责任不成立。

同，但是在某些方面又具有共通性，比如吉村良一教授提出不应因预见义务的高度化、抽象化而将该理论视为过错责任的异形，定性为无过错责任。当今之所以对企业课以高度的预见义务，乃是考虑到企业活动的巨大风险而相应地依据危险性对原本适用于市民的注意义务进行了调整，从反面而言普通市民开展的活动若具有某些企业生产的危险性时，也须如企业般施加严格的注意。①

当然，市民法的责任论者也并不认为该理论能够悉数解决当今的公害问题，因而进行了相应的理论发展：第一，为了使企业过错更易于认定，降低企业被免责的可能性，加重了作为过错前提的预见义务，另外将预见可能性的对象从具体的被害变得更加抽象化。熊本水俣病诉讼中原告主张的"污恶水论"即是对这一理论的彻底贯彻。第二，企业被追究的责任尽管是过错责任，但考虑到公害事件中过错的举证难度以及迅速救济的必要而不再要求对过错进行举证，此与举证责任的倒置是不同的，即被告方即便证明其无过错，亦不影响侵权责任的认定。故市民法责任论在某种意义上也可视作"无过错责任"，但其并非不管有无过错均须承担责任的"过错不要论"，而是在免除被害者举证负担意义上的"举证不要论"。

（3）侵害行为要件。

侵权行为的成立，除了权利侵害要件、过错要件外，还须论证侵害行为的违法性。对于侵害行为违法性的判断，日本目前主要有三种学说，即受忍限度论、一般违法性论以及新受忍限度论。

①受忍限度论。受忍限度论又被称为二元论，是在公害事件频繁发生的背景下提出的，乃是日本学者运用利益衡量理论解决公害问题的产物。加藤一郎指出，由于在公害事件中很多情况下行为合法与否很难甄别，因而违法性要件是公害事件中认定行为人侵权责任的一大难题。在日本过去的学说和判例中通常将之对应于权利滥用理论，但是实际在判断加害者的行为是否构成权利滥用时并非考量行为是否超过了自由活动的限度，而是有无超过受害者容忍的限度。因而与其间接地用权利滥用理论判定行为人是否违法，不如直接采用受忍限度论。受忍限度论的核心在于通过对受害者遭受侵害的性质、程度以及行为的公共性、回避可

① 吉村良一. 市民法と不法行為法の理論［M］. 東京：日本評論社，2016：152.

能性等因素予以综合的利益衡量，做出终局的违法性判断。具体而言，
受忍限度论的内容主要为：提出"违法性阶段说"，即并非在公害事
件中受害人都有权请求救济，只有当损害达到受害人无法忍受的限度
时损害赔偿请求权才予认可；强调在违法性判断中用"容忍限度论"
取代"权利滥用论"；在裁判中适用"相关衡量说"，贯彻利益衡量论
的精神。①

　　从客观来看，受忍限度论本身是不存在问题的，但由于侵害行为的
社会公共性的认定较为困难，因而受忍限度论在实践应用中也面临着一
些困境。在国道四三号线诉讼②以及在机场的利用、新干线的运行过程
中出现的噪音、震动、大气污染等公害赔偿诉讼中，侵害行为的公共性
均是重点问题。为了化解该难题，日本在司法实践中运用了"受益和受
忍的互补性"理论：容忍限度应当从损害程度与公共性是否相当的角度
来考虑，接受的利益与受到的损害应当成正比，受到的损害越大，接受
的利益也应更大。对此理论界并不赞同，加藤一郎教授认为，尽管法院
在违法性的判断上应当考虑侵害行为的公共性，但从保护受害人的立场
出发，该公共性是不应被考虑的。③淡路刚久教授亦持有"公共性考虑
否定说"的观点，认为在污染赔偿案件的处理中不应当考虑侵害行为的
公共性。④

　　②一般违法性论。一般违法性论认为，只有当侵害行为违反了具体
的法律、法规时，违法性才被予认定，无与之相对应的具体法律规则时
违法性不成立。在该理论中，加害人的行为状态违反规范是违法的本
质。违法性判断的对象不是结果，而是行为本身，即对其是否违反客观
行为规范进行判断。一般违法性论与受忍限度论的最大区别在于两者在
判断违法性时依据的要素不同，尤其体现在违法性与过失之间的关系
上。一般违法性论完全是从客观上对侵害行为的规范评价，违反法律规
范则违法性成立，而受忍限度论主张在判断违法性时仍要考虑行为者的
主观性归责事由，既要考虑加害状况是否超越了前述的受忍限度，又要

---

　　①　张利春. 日本公害侵权中的"容忍限度论"述评——兼论对我国民法学研究的启示
[J]. 法商研究，2010（3）.

　　②　最判平 8.7.7 民集 49 卷 7 号 1870 頁。

　　③　加藤一郎等. 專論一最近違法行為の動向［J］. 判例時報，1971（622）.

　　④　泽井裕. 公害阻止の法理［M］. 東京：日本評論社，1976：115.

考虑行为人有无违反损害预见义务乃至结果回避义务，在二元的立场上判断行为的违法性。不过，完全以规范的违反与否作为行为违法性的判断依据也是有问题的。由于法律具有滞后性，某些特殊的侵权类型出现时未必存在相应的法律规则，被侵权人可能陷入无法可依的困境。一般违法性论在该情况下即无法认定行为的违法性，为被侵权人提供适当的救济，过于僵化的判断机制使其难以灵活应对某些特殊侵权类型。

③新受忍限度论。受忍限度论在公害事件中的违法性判断为：社会生活中存在必须在某种程度上予以忍受的损害，只有行为造成的损害超过该程度时才构成违法。新受忍限度论对受忍限度论予以了发展，将《日本民法典》709条的故意、过失以及权利侵害要件一元化为损害超过忍受限度要件。根据该理论，被侵害利益的性质以及程度、地域性、防止措施的难易等在违法性判断中均为考虑因素，在对该因素进行综合考量的基础上判断违法性。结果，在某些事件中即便不存在预见可能性，只要损害超过了忍受限度，侵权责任仍被予以肯定。① 当行为者导致的侵害超过了被害者在社会中应当忍受的限度时即满足了《日本民法典》709条要件而负有损害赔偿义务，但是当侵害程度未达到该忍受限度时则不产生损害赔偿义务。

尽管新受忍限度论为公害事件中被害人的保护提供了新的思考方向，但由于其将故意、过失以及权利侵害要件一元化而使违法性判断构造过于弹性化。由此导致了两种截然不同的结果，既有可能成为受害者的"救命稻草"，也有可能成为加害者逃避侵权责任的"安全通道"。比如在公害诉讼中，只要认定侵害未超过受害人的容忍限度，受害人就必须忍受损害结果，被告企业的侵权责任即被否定，实际上是对受害人权利的漠视，导致对受害人保护的欠缺。另外在判断侵害行为的违法性时，并非仅依据损害事实，而是将损害结果与侵害行为的公共性、地域性等因素结合起来通过利益衡量来进行，使判决结果处于不确定的状态，降低了受害人获得保护的可能性。

（4）损害要件。

损害赔偿制度是对侵权行为产生的损害予以填补的制度。因而，作为侵权行为的成立要件，损害的发生是必要的。在侵权行为对个人造成

---

① 淡路剛久. 公害賠償法の理論（増補版）[M]. 東京：有斐閣，1978：45.

的各种不利益中，对损害赔偿制度的目的与机能的不同理解会致使救济内容相应变化，而对损害的不同界定亦导致损害赔偿额度的实质差别。作为通说的损害论，差额说认为对于损害的界定，可先假定在未发生侵权行为时被侵权人处于何种财产、精神利益状态，与侵权行为发生后被侵权人的财产、精神利益状态相互参照，以金钱衡量的方式计算其差额。在该差额中，依据损害的不同性质，可分为财产的损害与非财产的损害。前者指向被害者的财产利益状态，可进一步分为积极的损害与消极的损害。以汽车被毁为例，积极的损害是指被侵权人因汽车被毁后无法使用而产生的既存利益丧失，消极的损害是指被侵权人因汽车被毁而丧失了出售该车的营利机会，预期财产的增加受到妨碍。后者则指的是在被害者财产之外的利益状态上产生的差额，主要为精神损害。

从历史上来看，在差额说出现之前，损害赔偿理论林立，差额说在统一损害赔偿理论上发挥了重要作用。此外，差额说在发展过程中不仅考虑被侵害利益的客观价值，而且也关注被侵权人的主观利益，在损害赔偿制度保护对象的扩大上亦功不可没。然而，差额说亦存在不可回避的问题。差额说是基于德国的财产损害的概念发展而来的，该损害概念虽在财产的损害上可予适用，对于精神损害却不尽然，很多情况下未必能将精神损害通过被侵权人利益状态差额予以评价。同样，在生命权、健康权被侵害的情况下，因其乃不可能用金钱衡量的权利，能否通过差额说进行算定亦存在疑问。

基于以上批判，特别是关于人身损害，与差额说不同的新损害理论渐次出现。

其一，死伤损害说。该说主张，在生命权、身体权、健康权被侵害的情况下，不再以被侵权人的利益状态差额作为损害的评定基准，而是将生命、身体侵害本身作为损害。因此该说并不进行财产损害与精神损害的二元分类，而是将其作为一个非财产损害的整体予以考虑。

其二，劳动能力丧失说。该说秉持个人具有通过劳动获得收入这一基本能力的立场，对生命权、身体权、健康权侵害导致的劳动能力丧失给予特别的损害定位。与前述的死伤损害说不同，该说维持传统损害说中将损害进行区分的做法，针对传统损害说中将劳动能力丧失作为逸失利益予以把握的部分，单独提出了劳动能力丧失说。

其三，包括损害说。在公害事件不断发展的背景下，公害诉讼的原告主张，不再将损害分为财产的损害与精神的损害，而是将被害者遭受的社会的、经济的、精神的损害予以包括、综合把握，在总体上谋求损害赔偿。该说考虑到基于公害、药害事件的特殊性，差额说无法对该多样复杂的被害全体样态进行回应，因而将差额说予以废弃。此外该说虽在不将损害进行细分的层面上与死伤损害说是共通的，但是与死伤损害说相比，其损害范围是包括性的。具体而言，并不将损害项目个别化后加以把握，在多数情况下将其统一视为类型化的精神损害赔偿请求。该精神损害赔偿请求并不限于精神的损害，也包括财产性质的损害，因而其有别于纯粹的精神损害而被称为"包括精神损害"。但是，该说在损害的处理上，在理论层面并不必然进行包括精神损害的请求，在对损害总体把握的同时也存在对个别损害项目加以计算的情况。比如，吉村良一教授主张在对损害进行包括性的把握时进行"治疗、康复补偿费""生活保障费"等项目的区分。

（5）因果关系要件。

因近代民法原则上要求个人仅对其行为造成的结果承担责任，故在侵权责任的成立上侵害行为与损害之间须具有因果关系。侵害行为导致损害发生则成立事实因果关系，但事实因果关系的成立并不意味着加害者对全部损害负有赔偿义务。对此，日本的判例和学说深受德国法律理论的影响，认为在认定加害者在何种范围内负有损害赔偿义务时，行为与结果必须具备相当因果关系，即对于违背法律规则而具有非难性的行为，加害者被课以损害赔偿责任。根据民事诉讼中"谁主张，谁举证"的原则，原告为追究被告的损害赔偿责任需对因果关系举证。在因果关系的证明上，在诉讼中并非要求原告进行不存在任何疑点的自然科学证明，而是对特定事实可能造成特定结果的高度盖然性予以证明即可。[1]在此基础上法官根据经验法则，若认为该证明达到了使一般人确信其真实而不产生怀疑的程度，则因果关系成立。在通常的侵权类型中因果关系的证明未必困难，但在公害事件中则不然。比如，在工厂附近居民出现健康损害的事件中，要证明某工厂的经营与附近居民的健康损害存在因果关系，以下三点无法回避：一是何为健康损害的原因物质；二是该物质是否由被告工厂的经营产生；三是该物质从排放至进入人体内历经

---

① 最判昭 50.10.24 民集 29 卷 9 号 1417 頁。

何种污染路径。该证明在现实中对于被害者而言是极为困难的，原因在于明确特定原因物质的生成机制不仅需要专业知识，而且依赖现场的调查、考证，而被害者通常不具备该专业知识，企业亦不会协助被害者在现场的调查工作。若非有法律援助，被告只能聘请专家、律师，承受巨大的经济负担。因而，从公平的视角来看，减轻被害者的举证负担是必要的。继而，出现了以下学说。

①盖然性说。以德本镇、泽井裕为代表的日本学者提出，根据诉讼的性质、因果关系证明的难易程度，不同诉讼中因果关系的证明程度是不同的。在公害诉讼中因果关系的证明只要达到相当程度的盖然性即可。以工厂排污为例，受害人仅需提供以下两个方面的事实：第一，企业排放的污染物质到达并蓄积于损害结果区域，并已产生作用；第二，该地域因此产生了一些损害。只要以上事实得以证明，即认定侵害行为与损害结果之间的因果关系。盖然性说考虑到了公害诉讼中被害者证明因果关系的困难性，将被害者高度盖然性的举证程度降低至相当程度的盖然性。尽管有学者批判在相当程度的盖然性中"相当程度"的界定缺乏明确性，易导致证明标准随意调整，但是该学说对于明确在某些特殊事件中因果关系无须科学、严密的证明具有重大意义。

②事实上的推定理论。事实上的推定理论立足于：A 事实如果存在，根据经验法则，B 事实通常会存在。也即原告在不能通过直接证据证明主要事实的情况下，若能从经验法则出发对能够推定主要事实存在的间接事实加以证明，则主要事实便得以证明。该间接事实并非是固定的，原告可从多种间接事实中进行选择，这就极大地缓和了原告因果关系证明的难度。对此，被告或者直接证明主要事实的不存在，或者证明该事件并不适用经验法则而推翻因果关系的推定。

在新潟地方裁判所的水俣病判决中，因果关系的证明即运用了事实上的推定理论。该事件的因果关系涉及以下三个环节：a. 被害疾患的特性与其原因物质；b. 原因物质到达被害者的经过（污染经过）；c. 加害企业原因物质的排出（生成、排出机制）。尽管对于 c 的证明是必要的，但是在 a 与 b 得到证明后，除非企业一方能够证明工厂不可能成为污染源，该因果关系即在事实上得到推定。也即在对 a 与 b 加以证明的情况下，从经验法则出发 c 的存在即被推定。只要企业方不对其工厂不可能成为污染源进行反证，因果关系即成立。事实上的推定理论实质上是考虑到外界对于工厂内的经营过程无从得知，既而难以证明污染物的生成、排出机制，而将举证责任进行了分配，该思考方式具有妥当性。

③疫学的因果关系论。在日本的司法实践中，疫学因果关系论作为一种有效减轻被害者举证负担的手段长期被司法机关采用。所谓疫学，是为了防止或控制某种疾病的大规模发生而对影响疾病的发生、分布、消长的自然、社会因子以及疾病蔓延造成的社会影响作为集团现象予以研究的学问。① 而疫学的因果关系则是指关于损害发生的原因，通过采用过去使用的查明流行疾病的方法即疫学方法进行证明，从而推断侵害行为与损害结果之间的因果关系。根据疫学，若证明某因子与疾病之间存在因果关系，须对以下四项予以举证：第一，因子在结果出现的一定期间前已存在；第二，因子与结果之间存在量与效果的关系，因子越多结果发生的可能性也增大；第三，因子的分布消长与结果特征之间不存在矛盾；第四，因子对于疾病的作用机制在生物学上能够得到合理的说明。②

在日本的裁判实务中开疫学因果关系证明之先河的为 1971 年 6 月 30 日富山地方裁判所做出的判决，法院在判决中阐述了对于镉与发病之间的因果关系通过严格的病理学证明是没有必要的，只要能够证明镉对于疾病的发生存在作用，而且镉的作用强度与发病概率具有相关性，在没有特殊反证的情况下即可认定企业的侵权责任。此后的名古屋高等法院在控诉审理中也支持富山地方裁判所运用疫学因果关系理论判定因果关系的做法。此外，众多公害诉讼判决，比如四日市大气污染诉讼案（1972 年）、千叶制铁所大气污染诉讼案（1988 年）、东京大气污染诉讼案（2002 年），在因果关系的认定上均采取了这种思考方式。

疫学从属于医学，在医学上证明因果关系既已可行，用疫学的手法证明因果关系亦不存在理论问题。该方法在因果关系证明上的意义在于：迄今为止，特别是在公害造成健康损害的场合下，通常要求对于致病因子如何造成疾病的发生，即病理学的机制加以证明，而该专业性程度过高的证明对于一般被害者而言是极其困难的。而且侵权责任中的因果关系要件是损害赔偿责任成立的要件，其与为治疗疾病须予明确的因果关系本身即存在区别。在因果关系的证明上采用疫学方法使侵权事件

① 戒能道孝. 公害法の研究 ［M］. 東京：日本評論社，1969：236.
② 平井宜雄. 債権各論 Ⅱ 不法行為 ［M］. 東京：弘文堂，1992：89.

中尤其在公害等集团被害性事件中被害者的举证负担得到了实质的减轻。然而，疫学方法虽能够对特定的集团，比如某地域的居民群体中致病因子与疾病多发的因果关系加以明确，但是集团中个人的疾病与致病因子之间存在何种因果关系，即个别的因果关系并未得到证明。① 比如大气污染公害造成的呼吸系统疾病，该疾病的成因不仅为大气污染，过敏等其他原因也有可能导致该疾病，因而集团的因果关系的证明并不直接导向个别因果关系的证明。但是，若执着于个别因果关系的证明，则原告的损害赔偿请求权很难实现。因而有学者主张，在集团中致病因子导致疾病多发的情况得以证明后，若隶属于该集团的个人亦罹患该疾病，则个别因果关系的存在可以得到推定。此外，有学者在疫学调查的基础上提出了"相对危险度"的概念，即通过对污染曝露集团与非曝露集团的病发频率的比较而得出致病因子与疾病之间的关联性数值，数值越大，该疾病在曝露集团的发生概率越高。通过"相对危险度"体现出来的疫学关联性的强弱，在个别因果关系的推定上具有重要意义。当然，"相对危险度"并不是推定个别因果关系存在的唯一基准。在某些情况下，即便在疫学调查上被显示的相对危险度并不高，通过对其他证据以及该疾病的特质等因素进行综合判断，也可以对个别的因果关系进行推定。比如淡路刚久教授指出，在判断法的因果关系时，不能对因果关系的比例进行统一的划定，而应在对疫学的量的调查结果、质的调查结果、其他证据予以综合考虑的基础上进行法的判断。②

（6）责任能力。

损害赔偿义务的产生需要行为者具备一定的判断能力，这种能力被称为责任能力。《日本民法典》第 712 条规定，未成年人在对他人造成损害的情况下，若不具备足够的认识其行为责任的能力，不承担损害赔偿责任。在责任能力的具体衡量标准上，一般而言，以 12 周岁作为年龄界分的基准。对于 12 周岁以下的未成年人的侵权行为，其本人通常不承担损害赔偿责任，而由负有监督义务者承担。《日本民法典》第 713 条规定，由于精神上的障碍导致自身欠缺认识自身行为责任的能力时，对于其对他人的损害不承担损害赔偿责任。但是该认识能力的欠缺

① 新美育文. 疫学的手法による因果関係の証明（下）[J]. ジュリスト，1986（871）.

② 淡路剛久. 大気汚染公害訴訟の現状と課題——最近の大型訴訟判決の総括的検討[J]. 法律時報，1994（66）.

是由于自身的故意或者过失导致时，行为人仍须承担损害赔偿责任。

责任能力要件与故意、过失要件存在一定的关系。此前责任能力要件是故意、过失要件的前提，也就是说只有行为人具备一定的判断能力，才能对行为结果进行预测并予以回避，因而责任能力是对行为者故意、过失加以认定的理论前提。然而在当今的判例、通说中，侵权责任要件中的过失并非是以该行为者的能力作为基准的具体过失，而是以一般人的平均认识能力为基准的抽象过失。在采取抽象过失说的情况下，即便行为人的认识能力低于一般人仍会被课以平均水平的注意义务。责任能力与抽象的过失论在理论上虽有一定的矛盾，但是除了《日本民法典》712 条与 713 条指向的群体外，认定侵权责任时须对行为人认识能力的逐一判断对于社会生活的顺利开展是无益的，因而抽象的过失说得到了维持。

2.1.2　ADR 理论

ADR（Alternative Dispute Resolution，替代性解决争议模式）是起源于美国的非诉讼纠纷解决程序。尽管为适应时代发展和社会需要，世界各国都在不断进行民事诉讼程序的变革，但是确定无疑的是正式的司法程序绝不可能解决社会中的所有纠纷。因而通过 ADR 分流一部分纠纷，同时增加法律对 ADR 的制约，成为 ADR 机制与司法改革的交会点。① 现今各国司法界对 ADR 的功能普遍予以认可，这与司法资源供求的失衡、法院社会功能的转化以及改善司法的要求等不无关系。ADR 机制虽在纠纷处理上更为灵活，但是不可否认的是，作为传统救济方式，其与侵权责任救济方式在损害赔偿的思路上是一脉相承的，均是在具体侵权者得以确定的基础上对被侵权者的损害加以填补。

1. ADR 概述

在日本现行的纠纷解决体制下，诉讼虽仍为其最基本的制度，但 ADR 机制作为该制度的有效补充，长期与其并行不悖，协调互动，发挥了社会调整的积极效能。对此，小岛武司教授对 ADR 的功能予以高

---

① 张梓太. 环境纠纷处理前沿问题研究——中日韩学者谈［M］. 北京：清华大学出版社，2007：284.

度评价：第一是对法律利用的扩大；第二是促进对程序阶段的参与，当事人能够轻易地参加 ADR，法律专家的控制也可减至一定程度；第三是整体协调功能，ADR 是以合意为基础的、以当事人为中心的程序，这使得纠纷的解决能够避免一无所获的僵硬的选择，使 ADR 具有实体上的高度灵活性和变化的余地；第四是由于有一个中立的第三方参加到程序中，与当事人自行协商相比，ADR 有助于实现实质平等，缩小纠纷双方实力上的不平等。①

近年来 ADR 机制在公害事件中应用广泛，这与其本身的独特性不无关系。首先，科学上的不确定性致使人类对公害产生的基础原因、危害后果甚至致害主体的认识具有滞后性，需要更加灵活的解决方式在公害纠纷产生时及时介入，避免不必要损害的进一步扩大。其次，公害纠纷的当事人通常一方为企业，一方为个人，力量对比悬殊。在诉讼程序中因果关系的复杂性使企业责任很难认定，对个人不利；而企业责任一旦认定，其极有可能因无法承担巨大的损害赔偿责任而使企业陷入破产境地。正是由于该"零和游戏"（zero-sum game）——一方全赢、一方全输的特质为 ADR 的生成与壮大提供了土壤。双方在对诉讼的消极后果予以考虑后，对抗得到一定的缓解，通过协商解决损害赔偿问题具有了一定的可能性。最后，由于公害事件造成的损害波及面广，关涉的利益兼具多元性与扩散性，一些新的被侵害的权利或利益类型由此衍生。但法院在处理公害纠纷时，由于立法的滞后性，其唯有基于已发生事实适用既有法律规范解决纠纷，但考虑判决的政策性目的以及由此造成的社会效应，必要时亦须通过创设新的判例突破原有规范，承担公共政策的形成功能。但该功能的实现对于传统法院而言实属不易，因而有必要通过 ADR 方式进行阶段性过渡，即由其他机构对公害纠纷进行个别性的解决，在对解决结果定量分析的基础上积累经验，最终形成新的规则。正是在 ADR 与司法程序之间合理分工与协调互动的过程中，更加接近实质正义的公害纠纷解决机制得以建立。

就程序本身而言，日本的 ADR 分为两种：一种是在当事人合意的基础上解决纠纷的调整型程序，如和解的中介。其表现形式主要为斡旋与调停，其中斡旋是指斡旋人通过确认当事人的观点以及消除误解等方

---

① 小岛武司. 诉讼制度改革的法理与实证 ［M］. 陈刚等译. 北京：法律出版社，2001：181 – 182.

式，促进对立的当事人进行谈判以最终解决纷争。斡旋行为对双方当事人均不具有约束力。调停虽然与斡旋一样也需要第三者介入对立的当事人之间促进双方的谈判，但是调停人会根据调停状况提出调停方案并敦促双方接受。另一种是在事先达成对第三者的评判予以服从的合意基础上解决纠纷的裁断型程序，如仲裁、裁定。① 其为当事人在达成合意的情况下向指定机关申请由该机关进行裁决的方式，裁决结果具有强制执行效力。

2. ADR 的类型

时至今日，日本 ADR 制度已初具规模，体系结构已然较为成熟，在实践中存在司法型 ADR、行政型 ADR 与民间型 ADR。

（1）司法型 ADR。

司法型 ADR 主要指法院调停制度，包括民事调停和家事调停。该程序一方面完全受控于司法机关，另一方面又在调停人、解纷方式与适用依据方面与诉讼相区别，在尊重当事人选择意愿的同时，发挥了联结诉讼与非诉讼、传统与现代的社会功能。法院调停可由当事人申请启动或依法庭指令启动。在调停程序中，调停委员会主导程序的开展，并具有保密义务。在日本，调停与诉讼是并行的程序，法庭如果发现因调停事项提起的诉讼将影响调停的顺利进行，可以推迟该案件的审理。通过调停后若双方当事人达成协议，则将该协议记录在案作为日后强制执行的依据。若双方未达成协议，则调停失败。

（2）行政型 ADR。

日本是行政型 ADR 机构较为发达的国家。行政型 ADR 机构部分由国家运营，部分由地方运营，主要负责处理劳动、环境、消费等方面的纠纷，如都道府县劳动委员会、公害等调整委员会、国民生活中心等。不同机构的性质亦有所区别，国民生活中心与自治体的消费生活中心是协商、斡旋机构，而公害等调整委员会、建设工事纷争审查会等为仲裁、调停机构。行政型 ADR 机构的调解方案虽不具备强制执行力，但由于其运作成本较为低廉、执行效率较高，被广泛适用于纠纷的解决。

鉴于公害事件的恶劣社会影响，出于维护社会稳定的需要，行政型

---

① 和田仁孝 . ADR：理論と実践 [M]. 東京：有斐閣，2007：14.

ADR 在公害纠纷的解决中较为普遍。为了及时而妥善地解决公害纠纷，日本在 1970 年制定了《公害纠纷处理法》，1972 年加以修订，并于同年制定了《公害等调整委员会设置法》。在国家层面设立了公害调整委员会，在都道府县层面设立了公害审查会，形成了公害纠纷行政处理的基本制度。公害调整委员会与公害审查会之间并非上下级的关系，而是依据管辖权所做的划分。公害调整委员会负责处理三种公害纠纷：其一为"重大事件"，即涉及不特定多数人、对人体健康或生活环境具有显著危害的事件。政令中规定的重大事件包括因大气污染或水污染罹患慢性支气管炎、水俣病、骨痛病造成身体残疾或死亡；因大气污染或水污染造成的动植物的损害额达 1 亿日元以上的事件。其二为"广域事件"，即发生范围跨越两个以上都道府县的公害纠纷事件。政令中对此类事件通常限定为因飞机的航行、新干线铁路列车的运行产生的噪声污染事件。其三为"县际事件"，即污染的致害地点与受害地点跨越两个以上都道府县的公害纠纷事件。该类事件原则上由相关都道府县设立联合审查会负责，当联合审查会未成立时知事可将事件移送至公害调整委员会。该三类事件以外的公害纠纷，由都道府县审查会管辖。

1970 年《公害纠纷处理法》规定纠纷处理形式为斡旋、调解和仲裁，在 1972 年修订时增加了裁定的形式。裁定分为责任裁定与原因裁定。前者是指对公害赔偿责任的有无以及赔偿数额多少的裁定，后者是指对致害行为与损害结果之间是否存在因果关系的裁定。对于斡旋、调解与仲裁，公害调整委员会与都道府县审查会在公害纠纷的解决中都可适用，而裁定只能由公害调整委员会做出。当事人对裁定不服的，无权申请行政不服审查，亦不能提起行政诉讼。①

（3）民间型 ADR。

民间型 ADR 的运营依托于社会自治与共同体的发展。共同体为在一定范围内维持特定的生活方式的群体，成员之间的认同感与凝聚力是共同体赖以存续的基础。在日本社会的转型过程中，传统的单位、村落、家族等渐渐衰落，导致了一部分民间纠纷解决机制的衰败，但是社会发展又致使新的社区、行业协会、民间团体形成，民间纠纷解决机制得到了丰富与完善。长期以来，民间型 ADR 通过仲裁、调停、斡旋等

45

---

① 张梓太. 环境纠纷处理前沿问题研究——中日韩学者谈 [M]. 北京：清华大学出版社，2007：346 - 347.

形式在纠纷解决上扮演着不可或缺的角色。其中既有由企业界设立的业界型 ADR，比如东京都贷金业协会、清洁赔偿问题协议会、日本信用咨询协会等，也有日本律师协会创立的律师协会型 ADR，比如第二东京律师会仲裁中心、大阪律师会仲裁中心等，目前在日本的律师会基本都设立了解决纷争中心。另外，最近日本出现了由律师、会计师等专业人员作为志愿者进行调停的非营利法人机构，又称 NPO 法人，对纷争当事人的纠纷解决发挥了巨大的作用。

　　ADR 机制裹挟着"和解文化"强烈冲击着世界各国的司法体系。尽管其仍遵循着传统的救济思路，在当事人的两极格局中解决纠纷，但是其对诉讼机制产生了巨大的影响：审判的消退与和解的增长，法官角色的更新与法院性质的转变。干预纠纷的手段由公力强制转为和平协商，既是诉讼机制的缺陷时有暴露所致，亦是缘于和解理念在世界范围内的普及。司法系统正在从单纯的公力救济转变为公私合作。① 近年来 ADR 机制在日本愈加规范化，无论是司法型 ADR、行政型 ADR，还是民间型 ADR，均为社会公众的纠纷解决提供了极大的便利，体现了显著的制度优势：无须严格适用实体法的规定，程序简易而灵活；避免了诉讼程序中当事人之间的对抗性，从主体的利益需求出发，最大限度地加以满足，有效地修复了社会关系。然而从根本上说，由于 ADR 仍是基于责任追究个体化的救济理论，所以其仍然无法回应侵权人责任财产显著不足时损害赔偿如何解决的问题。此外，ADR 机制在日本的现实运行中亦遭遇了诸多不可回避的困境：首先，ADR 机构在日本分布并不均衡。这种不均衡不仅在领域配备上有所体现，而且亦体现在地域布局上。尽管日本在制造物责任、劳资纠纷、医疗纠纷等诸多领域建立了 ADR 机构，但仍存在很多未配备 ADR 机构的领域。而且 ADR 机构主要分布在东京等大都市，中部地区、东北地区则寥寥无几。其次，ADR 机构的利用率仍不够理想，尤其在民间型上体现明显。由于 ADR 的财政来源不稳定以及公众对 ADR 存在认识偏差，致使其在日后进一步的发展过程中遭遇了部分阻力。

---

① 史长青. 裁判、和解与法律文化传统——ADR 对司法职能的冲击 [J]. 法律科学，2014（2）.

2.2　基于损害赔偿社会化的 公害救济理论

　　侵权行为法通过对构成要件的不断变革，试图应对公害事件向传统救济理论提出的挑战。然而该理论的革新并未得到预期效果，公害事件的被害人或因责任人财力的贫乏而无法获得救济，或因判决历时过长而救济效果有限，有违民法的公平正义。造成这一结果的原因在于：侵权行为法仅注重个体责任的追究，导致侵权责任的风险只能在加害人与被害人之间转移。ADR 机制亦如此，未能对该风险转移机制予以突破。改变既有风险分担机制，使更多主体加入损害的分散机制之中，无疑具有妥当性。正如平井宜雄教授所言，"现代社会生活中交通工具、企业设备、工作物等的发展及巨大化与人口的集中，显著地提高了损害发生的危险性和扩大化的可能性，其结果，使得既要将损害赔偿的范围限制在确切妥当的范围内，其反面又要通过危险分散的法律技术谋求损害填补可能性的切实化和广泛化，其成为现代损害赔偿法的课题"。①

2.2.1　公害损害赔偿社会化的理论依据

　　英国法学家戴维·M. 沃克（David M. Walker）曾经指出了现代侵权法的发展方向：侵权法不再以个体的损害与责任为中心，而是将个体的损害扩及社会，由社会力量分担个体损害，分散风险。② 此乃"侵权损害赔偿社会化"的渊源。该理论实则是将某些类型的侵权行为产生的损害视为社会损害，由国家、企业或者社会上多数人通过一定的损害赔偿机制对此予以分担与消化。侵权责任个体化向损害赔偿社会化的转变，不仅是个人本位向社会本位的转变，而且是个人承担责任模式向社会承担责任模式的转变，同样是个人救济模式向社会救济模式的转变。其理论支撑主要源于以下两个方面。

47

---

① 于敏. 日本侵权行为法 [M]. 北京：法律出版社，1998：199.
② 戴维·M. 沃克. 牛津法律大辞典 [M]. 北京：光明日报出版社，1989：98.

1. 社会学依据

风险无处不在，人类社会一直被风险所裹挟，从未放弃与风险的抗争。在人类文明的早期，风险源于自然力与人类的非理性行为，而在进入工业文明阶段之后，人类理性与现代文明本身即创造了风险。随着社会文明的不断演进，人类对"风险社会"有所觉醒，20 世纪 80 年代德国社会法学家乌尔里希·贝克（Ulrich Beck）提出的风险社会理论即为表征。

风险社会的特征体现在三个方面：其一，风险的人为相关性明显增强。随着人类活动范围在横向与纵向维度的不断扩展，人类对自然环境与社会环境的影响幅度亦不断增强，风险结构逐渐从自然风险占主导演变为人为相关的风险占主导。安东尼·吉登斯（Anthony Giddens）曾对该风险的特点予以分析："一是人为风险是启蒙运动引发的发展所导致的，是'现代制度长期成熟的结果'，是人类对社会条件和自然干预的结果；二是其发展以及影响更加无法预测，'无法用旧的方法来解决这些问题，同时它们也不符合启蒙运动开列的知识越多，控制越强的药方'。"① 人类在向更高层次的文明进化的同时，工具理性的负面效应亦显露出来。作为科技发展的副产品，环境污染事故、产品责任事故、新能源利用安全事故的发生频率持续上升，对公民的生命权、健康权、财产权及其他权益造成了显著的侵害。可以说，在当今社会，科学技术的风险或者栖身在财富的创造过程中，或者藏匿于产出的财富产品中，并通过自然或市场的传导呈现出潜在的、不确定的有害性。风险是财富生产的代价，或谓固有成本。其二，风险的"制度化"与"制度化"的风险相互交织。近代以来，旨在优化人类发展环境的一系列制度被不断创设，其在规范人类行为的同时，与资本、市场有关的诸多制度也为人类的冒险行为提供了激励，但是制度的创设招致了另外一种风险，即运转失灵的风险，从而风险的"制度化"极易沦为"制度化"的风险。由于很多情况下风险总是先于制度而存在，制度在设计过程中并未对风险加以充分的考虑，故面对风险制度可能无法给予有效的回应，甚至陷入崩溃的危机。其三，风险的分布呈现系统性。科学技术、经济模式、

① 安东尼·吉登斯. 失控的世界［M］. 周红云译. 南昌：江西人民出版社，2001：155.

生产方式不仅是风险的根源，而且也导致了风险的分布具有一定的系统性。在高度组织化的现代社会中，生产经营与社会运转都处于系统化的模式，因而风险的分布表现出与传统风险相区别的特征。在产品生产环节的安全疏忽极有可能造成消费环节的巨大灾难，风险即通过因果关系的链条将其危害向外部扩散。尤其在全球化的浪潮下，风险更呈现出"多米诺骨牌"效应，对世界安全造成了前所未有的威胁。正如乌尔里希·贝克所言："过去危险能够追究到医疗技术的缺乏上。今天它们的基础是过度的工业生产。……它们是工业化的一种大规模产品，而且系统地随着它的全球化而加剧。"①

　　鉴于此，在风险社会已然形成并趋于稳定的背景下，仍沿用传统模式救济风险社会中潜在而难以预估的重大损害恐力有不逮。由于风险是普遍存在的，作为工业文明的副产品，企业的经营生产导致的风险在很多情况下并不能归咎于企业行为的可谴责性，此时若将风险全部由受害者承担则有违公平正义，突破个人责任的藩篱、实现社会分担风险成为必然。因此，"风险社会的核心问题从工业社会的财富分配以及不平等的改善与合法化，转变为如何缓解伤害和分配风险"。②

2. 法理学依据

（1）分配正义理论。

博登海默指出："正义有着一张普洛透斯似的脸（a Protean face），变幻无常，随时可呈不同形状并具有极不相同的面貌。当我们仔细查看这张脸并试图解开隐藏其表面背后的秘密时，我们往往会深感迷惑。"同时他还提出："从最为广泛的和最为一般的意义上讲，正义的关注点可以被认为是一个群体的秩序或一个社会的制度是否适合于实现其基本的目标。如果我们并不试图给出一个全面的定义，那么我们就有可能指出，满足个人的合理需求和主张，并与此同时促进生产进步和提高社会内聚性的程度——这是维持文明的社会生活所必需的——就是正义的目标。"③ 随着社会生活的不断变迁，正义的价值秩序亦不可能故步自封。

49

① 乌尔里希·贝克. 风险社会 [M]. 何博闻译. 南京：译林出版社，2004：18–19.
② 张俊岩. 风险社会与侵权损害救济途径多元化 [J]. 法学家，2011（2）.
③ 埃德加·博登海默. 法理学：法律哲学与法律方法 [M]. 邓正来译. 北京：中国政法大学出版社，2004：261.

从传统侵权类型到大规模侵权类型，侵权责任理论从矫正正义观逐渐倾向于分配正义观。

亚里士多德在其《尼各马可伦理学》中最早对矫正正义与分配正义进行了区分，自此矫正正义长期在侵权责任领域占据统治地位。亚里士多德在其著述中提出正义即公正，可分为具体的正义与总体的正义。"具体的公正及其相应的行为有两类。一类是表现于荣誉、钱物或其他可析分的共同财富的分配上的公正。另一类则是在私人交易中起矫正作用的公正。"① 前者即为分配正义，后者即为矫正正义。对于分配正义，亚里士多德认为，"正当的途径应该是在某些方面以数量平等，而在另一些方面则以比值平等为原则"②，即分配正义包含两个维度——数量相等与比值相等。而为了避免分配的非正义，亚里士多德进一步提出了矫正正义。

根据亚里士多德的学说，矫正正义作用于私人交易的过程之中，具有以下三个特征：第一，在算术比例基础上实现的正义。"私人交易中的公正——虽然它也是某种平等，同样，这种不公正也就是某种不平等——依循的却不是几何的比例，而是算术的比例。"③ 第二，关注"所得"与"所失"的形式正义。"法律只考虑行为所造成的伤害。它把双方看作是平等的。它只问是否其中一方做了不公正的事，另一方受到了不公正对待；是否一方做了伤害的行为，另一方受到了伤害。既然这种不公正本身就是不平等，法官就要努力恢复平等。"④ 也即以"所得"与"所失"为衡量标尺，使当事人得其所不应失，失其所不应得，恢复至加害行为发生之前的状态。第三，在两方当事人的两极结构中产生的正义。"正义完成于从一方当事人到另外一方当事人资源的直接转化。转化的资源同时代表了原告的不当受伤状况和被告的不当伤害行为。"⑤ 也就是说，在一方当事人对另一方当事人进行了不当的侵害时，矫正正义观对加害人从不当行为中获取的利益予以否定，主张通过"资源的直接转化"联结不公正的所得与不公正的所失，最终实现资源

① 亚里士多德. 尼各马可伦理学 [M]. 廖申白译. 北京：商务印书馆，2003：134.
② 亚里士多德. 政治学 [M]. 吴寿彭译. 北京：商务印书馆，1965：234 - 235.
③ 亚里士多德. 尼各马可伦理学 [M]. 廖申白译. 北京：商务印书馆，2003：137.
④ 亚里士多德. 尼各马可伦理学 [M]. 廖申白译. 北京：商务印书馆，2003：137，138.
⑤ 亚里士多德. 尼各马可伦理学 [M]. 廖申白译. 北京：商务印书馆，2003：140.

的公正配置。由此可知，矫正正义功能的发挥是以"不公正"行为的存在为前提的，只有因"不公正"行为造成的损害才能得到赔偿，若非如此，行为人无承担责任之必要。该正义理论强调任何主体必须对自身的行为负责，以此矫正被偏离的正义，个人责任的追究成为常态。侵权行为产生了一定的损害结果之后，或者由加害者负责，或者在侵权责任无法落实时由被侵权者承受，损害的承担仅限于侵权行为关系的双方，并不扩展至外部。然而随着生产社会化的发展，侵权行为造成的受害人数激增，被侵害的利益并不局限于个人利益，而扩大至社会利益甚至国家利益，加害人与受害人的两极结构被突破，矫正正义观能否对该种侵权类型下的正义归属予以圆满解释受到了质疑。

在矫正正义的两极关系中，损害赔偿的实质是将受害人遭受的不利益课于加害人。然而在大规模侵权类型中，矫正正义却遭遇了前所未有的困境。首先，受责任主体的经济能力所限，矫正正义在一些场合下可能会落空。即便是经济实力相对雄厚的企业主体，面对风险社会所衍生的系统性风险，亦难以承受沉重的损害赔偿负担，无法对被侵权人施以完全的救济。其次，在 20 世纪以前侵权行为产生的不利益多由自然力或人为过错导致，损害亦限于较小规模，由加害人承担该不利后果符合矫正正义观。但自人类进入风险社会之后，绝大多数的社会风险乃为社会运行的必要成本，属于"工业化的一种大规模产品"①。很多企业的生产行为本身具有合法性和社会妥当性，并且对社会经济的发展具有显著的积极意义，即便施以严格的注意、采取了必要的措施仍无法避免大规模侵权的结果，此时将当今社会的固有风险完全课以企业实有违正义理念。因而主张该不幸损害由社会予以分配的分配正义观被提出。

尽管亚里士多德已对分配正义有所涉及，但其理论毕竟是古希腊时代的产物，不足以为已然变化的社会环境提供理论支撑。在此基础上，罗尔斯进一步发展了分配正义理论。罗尔斯（John Rawls）在《分配正义》中曾言："分配正义的主要问题，是考虑财富分配对从不同的收入阶层中开始他们人生的人的生活前景的影响。这些收入阶层确定着相关的代表人，而社会体系正是根据这些代表人的期望来判断的。"② 分配

---

① 乌尔里希·贝克. 风险社会 [M]. 何博闻译. 南京：译林出版社，2004：18 – 19.
② 约翰·罗尔斯. 罗尔斯论文全集 [M]. 陈肖生等译. 长春：吉林出版集团有限责任公司，2013：157.

正义关注各社会成员的地位与财富状况，旨在通过一套符合正义要求的制度体系将损害在不同主体之间进行配置，在确保程序公平性的前提下实现配置结果的公平。分配正义的实现，不仅包括对财富、权利等利益的分配，而且包括对不利益的分配，比如社会风险。由于在大规模侵权事件中，加害人与被害人的地位不具有互换性，"一对多"或者"多对多"的当事人构造成为常态，加之大规模侵权结果的蓄积性与缓释性特征造成了潜在的受害者人数众多，因此社会整体遭受了极大的不利益。在侵权法律关系的当事人构造已然发生变动的情况下，无论由损害赔偿法律关系中的哪一方承担损害结果都会失之公平：一方面，大规模侵权事件在大范围内造成被侵权人人身、财产权利的损害，而被害人与加害人相比往往处于弱势地位，经济能力与社会资源均有限，若因无法证明侵权责任的成立而承受损害结果是不公平的；另一方面，公害事件发生后，尽管加害人与被害人相比具有更强大的经济实力，但是仍有可能无法完全承担损害赔偿责任，最终对被害人的救济仍会落空。因而正义有必要在新的当事人格局中进行合理分配。

具体而言，在大规模侵权事件致使众多法益遭受侵害后，基于有损害必有救济的原理，客观化的现实损害应得到尽可能的救济。然而随着大规模侵权事态的进一步发展，在不断成熟的科技条件的支撑下侵权行为与损害结果的因果关系将会渐趋明确，潜在的受害人范围也会得到相对确定。但是受害人群体的不断扩张，致使加害人极有可能无法满足受害群体的救济需求。因此，分配风险的主体范围得到相应的扩展：不仅包括现实加害人、现实受害人、潜在受害人，还包括潜在加害人，甚至是整个社会。对此有学者认为："就分配正义来看，在某一侵权过程中，获利的不仅是加害人。作为社会财富的一部分，加害人的获利就是社会财富的增加，它成为推动社会进步的一股力量。既然受害人以自己的牺牲来推动了社会的进步，那么社会就要担负起救助他们的责任。"①

（2）社会连带主义理论。

"没有人是一座孤岛"，人类的长期存续必须依赖于其置身的共同体。个人与个人之间、个人与群体之间、群体与群体之间总是在不断地互相影响的过程中交织在一起。所谓社会连带，即指社会中各元素间的

---

① 熊进光. 大规模侵权损害救济论——公共政策的视角［M］. 南昌：江西人民出版社，2013：28.

相互关联性，若无连带，人类生活的共同体便无法形成与维持。社会连带曾是涂尔干（Émile Durkheim）等社会学家讨论的议题，在该思想基础上狄骥（Léon Duguit）提出了社会连带主义理论。狄骥对涂尔干的观点加以重申，即社会关联性有两种形式：一是建立在相似性上的相互关联性；二是建立在社会分工上的相互关联性。随着社会的进步，建立在相似性上的相互关联性会越来越弱，建立在社会分工上的相互关联性会越来越强。① 此外，其进一步引申为"人既是一种社会性的存在，也是一种自我本位的存在。人的活动总是为社会相互依存和个人自由这两重感觉所支配"。② 这两重感觉，狄骥分别称其为社交的感觉和公平的感觉：人作为社会性的存在所感觉到的与他人的连带关系，即为社交的感觉；与此同时他仍会对自我存在有所认知，感觉到自我本位主义下的某种自由，即为公平的感觉。正是在此两重感觉的支配下，人既会为了更大程度的个人自由而争取权利，又会在追求自由的过程中与其他个体乃至群体相互依赖与合作，即"他们有共同需要，只能共同地加以满足；他们有不同的才能和需要，只有通过相互服务才能使自己得到满足"。③ 由此，狄骥认为法治原则正是源于社会的连带关系。社会中存在的相互依赖关系即表现为一种法律关系，为了使社会成员间的信任与依赖的关系能够长期存续，个人在社会交往中被课以作为与不作为义务，"不要去做那些有可能损害社会的相互依赖的事情，而要尽量去做那些保障和加强社会的相互依赖的事情"。④ 在此基础上，对社会成员的行为具有约束力的法律规范得以形成。

社会连带主义理论揭示了社会权的重要性，对于侵权救济范畴亦存在适用空间。在资本主义社会早期阶段，为了实现经济繁荣，个人自由受到了极大的推崇，在民法领域所有权绝对、契约自由、过错责任原则即为典型表现。在该阶段个人与个人之间的关联性较弱，在社会交往中个体性多予强调。但是随着社会发展，被侵害的法益不仅存在于个人利益，而且也关涉公共利益，对于集体性的弱化将使越来越多的

---

① 莱昂·狄骥. 宪法学教程［M］. 王文利等译. 沈阳：辽海出版社、春风文艺出版社，1999：10.

② 莱昂·狄骥. 宪法论［M］. 钱克新译. 北京：商务印书馆，1962：88.

③ 沈宗灵. 现代西方法理学［M］. 北京：北京大学出版社，1992：252.

④ 莱昂·狄骥. 法律与国家［M］. 冷静译. 北京：中国法制出版社，2010：215.

合法权益无法得到保障，进而威胁社会的稳定与发展。在个体性被过度放大导致的救济局限日益凸显的形势下，全社会逐渐达成了一种共识：社会成员应当合作共济，以社会整体的视角，对风险予以分散，对损害予以分担。

尤其在当今的风险社会，科学技术的发展使事故原因复杂化，在很多情形下事故的致害过程并不受人力所控制，现代企业生产行为不可避免地会产出一些"副产品"。"两个方面——风险和不安感的总和，它们的相互助长或者中和——共同构成了工业社会的社会和政治动力。"①社会中的每个成员都被风险所威胁，无一幸免，因而社会作为共同体分散风险是极有必要的。在一些风险多发的生产领域，作为市场经济主体的生产经营者的合法权益也应当得到法律的保障：对于其生产风险予以一定程度的容忍，通过损害承担的转移使最终的损害赔偿主体并不限于企业本身。这并非为企业粉饰过错、推脱责任，而是为了保护侵权行为关系双方的共同利益：其一，在相对安全稳定的经营环境下企业能够将更多精力投入产品的生产、研发以及销售中，而不至于因惧怕承担侵权责任而瞻前顾后，市场经济秩序的高效运行得到了保障；其二，赔偿主体的经济实力得以强化，被侵权人能够及时得到较为充分的救济，公平正义的理念得到彰显。通过将现代社会的风险分散于社会，使风险在社会集团中消解，既能够对受害人的损害进行补偿，强化对受害人的法律救济，又能够减轻对企业的消极影响，促进经济发展，实现加害人与受害人的利益最大化。

2.2.2 责任保险理论

尽管侵权责任制度是通过对加害人课加损害赔偿义务以救济受害人，但若加害人欠缺履行赔偿义务的资力，即使认可了赔偿责任也缺乏保护受害人的实效性，损害赔偿即有名无实。从反面来说，企业的活动尽管会带来一定的风险，但同时也为社会带来了利益，使企业承担全部损害赔偿责任是否妥当不无疑问。另外，若某些问题属科学最前沿领域而当下难以预见，企业却为此承担损害赔偿义务，企业可能会难以承受

① 乌尔里希·贝克. 风险社会 [M]. 何博闻译. 南京：译林出版社，2004：61.

其重，在生产活动中畏手畏脚，进而导致产业萎缩，给社会带来负面影响。为了解决上述问题，保险制度由此产生。与侵权责任领域关系最密切的保险制度为责任保险制度：从事某项具有一定损害危险性活动的主体通过事前向保险人支付保险费，以便在损害发生后需要其承担损害赔偿责任之时，由保险人对被认定为保险事故的损害进行保险金的给付。关于保险金请求权的产生时间，理论上存在损害事故说、请求事故说、责任确定说等诸多学说。① 责任保险虽隶属于损害保险，但与损害保险存在极大的不同：损害保险是对灭失的既存利益进行保障，而责任保险的保险对象为一种新的负担——损害赔偿负担。

　　责任保险在日本社会较早且广泛适用的领域为交通事故损害赔偿领域。为了使在该领域遭受人身损害的被害人获得充分救济，日本于1955 年制定了《自动车损害赔偿保障法》，确立了在机动车驾驶过程中对他人生命或身体造成的损害通过保险予以补偿的制度。该责任保险制度属于强制性保险，以机动车的驾驶者或者供用者作为被保险人，以民营的保险公司作为保险人，而且具有公益保险的属性，保险金额依照政府部门的规章进行设定，受害人可以直接向加害人投保的保险公司请求损害赔偿。尽管以风险分散为基础的责任保险曾被质疑是否违背了侵权责任法中的责任自负原则以及助长了侵权事故的发生，但是现在学界普遍肯定了责任保险在侵权人损害承担上的重要性。尤其是无过错责任的推行，使有些不存在过错的企业仍要对损害结果负责，未免过于严苛，责任保险的适用对此进行了有效的缓和。可以说责任保险制度的发展和普及，弥补了侵权责任制度中损害赔偿的实效性被赔偿能力掣肘的重大缺陷，通过在参加同一险种的个体之间分担赔偿金的方式使损害赔偿责任的社会化成为可能。然而，责任保险归根结底是为了确保加害人的赔偿能力而存在的，保险金的支付以损害赔偿义务的存在为前提。责任保险对于侵权责任的"寄生性"使得对赔偿义务存在与否以及赔偿范围发生争议时，仍需要通过民事诉讼的方式加以解决，救济困境未得到根本的缓解。在日本的公害领域，存在着核事故责任保险、环境污染赔偿

55

---

　　① 在日本，关于保险金请求权何时生效，主要存在损害事故说、请求事故说、责任确定说三种。损害事故说认为事故发生后造成了损害，保险金请求权即生效；请求事故说认为事故发生后受害人请求损害赔偿，保险金请求权始为生效；责任确定说认为只有加害人的责任在法律上被确定时，才产生一定额度的保险金请求权。

责任保险、劳动者灾害补偿保险等保险类型。核事故责任保险的承保对象为核事故造成的损害，该损害赔偿数额通常极为巨大，因此保险公司常通过设置严苛的适用条件以减少其适用，加之核事故的发生属小概率事件，所以该保险类型在实践中并未得到广泛的运用。而环境污染赔偿责任保险属于自愿性商业保险模式且缺乏完善的立法保障，故其在运作过程中完全依靠保险公司的自发性或政策性文件的指引而无固定成型的制度范例。相较而言，劳动者灾害补偿保险不仅适用于普通侵权领域，更以其成熟规范的运作模式在公害领域发挥着显著作用。

日本的劳动者灾害补偿保险与我国的工伤保险相对应，不仅为劳动者在通勤、工作过程中的损害提供及时、公正的救援，同时还积极促进遭受损害的劳动者尽早康复、回归社会，并有利于遗属的援助、劳动安全卫生条件的确保以及劳动者福利事业的增进。为了充分保护劳动者的权益，日本政府于1947年颁布了《劳动基准法》，对劳动者灾害补偿的问题进行了原则性的规定，不仅增加了"被雇佣的劳动者有权向雇主请求灾害补偿"的条款，而且将劳动者灾害补偿的标准提高了2倍以上。同日颁布的《劳动者灾害补偿保险法》将劳资间权责保障与劳动者人权保障相结合，在新的劳动灾害保险法律制度中统一了之前分散在健康保险、年金保险中有关劳动者灾害补偿保险的内容。此后日本政府于1967年、1980年、1996年多次修订《劳动者灾害补偿保险法》，劳动者灾害补偿保险制度从奉行企业主责任转变为国家责任，劳动者灾害补偿的程序亦进一步优化。日本劳动者灾害补偿保险制度主要由以下几个方面构成。

第一，保险者。劳动者灾害补偿保险的保险者为政府。保险给付和劳动者回归社会事业由中央厚生劳动省劳动基准局、地方都道府县劳动局及劳动基准监督署等机构负责管理和实施；保险费的收缴由厚生劳动省劳动基准局、都道府县劳动局负责。①

第二，被保险者。原则上所有企事业单位的雇佣劳动者都适用该保险，但在国家及地方机关工作的公务员以及船员除外。企业与劳动者的劳动灾害补偿保险关系自企业成立之日起即确立，无须办理任何手续，不过通常企业主会在成立10日内向劳动基准监督署署长及公共职业安

① 赵永生. 日本劳动者灾害补偿保险的发展与现状［J］. 中国医疗保险，2009（8）.

全所所长递交《保险关系成立书》。因而，只要业务灾害和通勤灾害发生在雇佣期间，劳动者皆可获得劳动灾害补偿保险的保护。另外，长期雇佣、临时雇佣、按日雇佣、零工等雇佣形式均在劳动灾害补偿保险的覆盖范围之内。

第三，费用承担。劳动灾害补偿保险费用原则上由企业主承担，实行行业费率与浮动费率相结合的费率机制，同时国家给予适当补助。在费率的确定上主要考虑以下因素：劳动者灾害补偿保险事业的财政均衡维持、厚生劳动大臣对企业种别的划定以及过去三年间劳动灾害的发生状况。此外，劳动者在通勤过程中受到损害的，在获取保险机构的疗养给付的同时还须缴纳一次性负担金，通常从劳动者领取的休业补偿中扣除。

第四，特别加入。劳动者灾害补偿保险的对象虽然为劳动者，但是考虑到劳动者以外的雇主、个体从业者在业务、通勤过程中也可能受到损害，因而在不害及劳动者灾害补偿保险制度的前提下亦允许其加入劳动者灾害补偿保险接受保险给付，也称特别加入制度。特别加入者的范围包括中小企业主及家族从业者、个人技师及其他个体营业者、特定农业从业者等特定行业的从业人员以及海外派遣者。

第五，保险给付。保险给付主要分为三类：业务损害相关的保险给付、通勤损害相关的保险给付、二次健康诊断等的给付。其中业务损害相关的保险给付又可细分为疗养补偿给付、休业补偿给付与休业特别支给金、伤病补偿年金、残疾补偿给付、遗属补偿给付、护理补偿给付以及丧葬费用。

尽管劳动灾害补偿保险制度尚未涵盖精神损害赔偿，劳动者仍需通过民事诉讼的方式获得救济，但在立法不断推动下该制度已日益完善，在给付内容的扩展与救济水平的提高上成效显著。因而有学者提出劳动者灾害补偿保险制度已不再是单纯的责任保险，而具有鲜明的社会保障色彩。① 然而从该制度的费用承担，即企业承担主要保险费用，国家仅予以少量补助以及该制度与其他社会保险在给付水平上的明显差别不难看出，其仍具有责任保险的损害填补机能。劳动者灾害补偿保险制度可适用于日本的公害领域，同时并不排斥普通的侵权类型，劳动者个体在

---

① 　高藤昭. 社会保障法の基本原理と構造［M］. 東京：法政大学出版局，1994：134 – 162.

57

通勤、工作过程中因劳动业务受到损害时亦可通过该制度获得救济。此时面临着一个制度间调整的问题：对于违反安全保护义务的企业，劳动者可对其追究违约责任抑或侵权责任，而通过该救济方式获得的赔偿数额可能与劳动者灾害补偿保险存在差异。对此，《劳动基准法》规定当判决的损害赔偿数额超过劳动灾害补偿保险数额时，雇主必须对超出部分进行赔偿。民事诉讼与责任保险于此交织在了一起，尤其是近年来日本围绕"过劳死"事件的民事诉讼日趋增多，两种制度在劳动者损害赔偿上逐渐呈现出相辅相成的动向。

2.2.3 损害救济基金理论

在日本国内，公害健康被害补偿制度等被害者救济制度不断发展；除日本外，新西兰的无过错补偿制度①亦在良性运行。在此背景下，日本学界展开了对侵权责任制度进行补充或者代替的激烈讨论。其中加藤雅信教授提出的创设"综合救济系统"以消解侵权责任制度的主张最为鲜明，将基金理论贯彻得也最为彻底，故以该理论为例探讨日本的损害救济基金理论。

1. 现行救济制度的缺陷

加藤雅信教授指出，包含侵权责任制度在内的现行救济系统具有如下缺陷：首先，现行救济制度对于被害者的救济缺乏实效性。这主要体现在两个方面：其一，某种侵权领域若存在相应的救济制度，被侵权者可获得一定的赔偿或补偿；若无，被侵权者极有可能陷入救济不能的境地。随着新的侵权类型的不断出现，这种不利状况亦将加剧。其二，即便损害赔偿制度与弥补其不足的责任保险在某侵权领域确实存在，其均以赔偿义务的成立为前提，在赔偿义务得不到认定时无法实现对被害人的救济。其次，侵权责任制度适用对象在扩大的同时，可能成为被追责的主体相应出现了消极行动的倾向。比如医疗责任的扩大诱发的"萎缩诊疗"、制造物责任的适用导致的新药限制开发，社会的负面效应纷纷

_____

① 《新西兰事故补偿法》于 1972 年实施，1982 年予以修订。新西兰建立了综合性救济制度，对于任何事故造成的损害，不问原因地加以救济。与之相对应，其在人身损害方面废除了侵权责任制度，一概性地禁止私人提起损害赔偿请求。

呈现。而对此有所认识的法官，出于尽量降低该负面影响的考虑，在裁判中对于侵权责任的认定较为严格，原告易败诉，呈现出消极裁判的倾向。再次，在救济制度林立而各行其道的状况下，可能会出现受到同样损害的受害人因依据的制度不同而产生差异给付或者重复给付的结果，衍生出被害者保护不均衡、制度间调整不适当等问题。尽管为了调整制度之间的关系，现行制度做出了避免重复适用的设计，并辅之以追偿机制等，但由于各种制度极为复杂，未必能够保证在可能涉及多种制度的情况下其适用科学合理。最后，在侵权责任制度中，赔偿多为一次性赔偿，但考虑到损害状态可能在赔付后出现一定的变化，定期金的给付更为合理。

2. 综合救济系统的构建

加藤雅信教授主张，对于遭受损害的被害者，不论出于何种事故原因，都应当给予其同质的给付。被害者不仅包括公害事件中的受害群体，也包括普通侵权的受害者。基金的基本资金主要由三大支柱构成：其一为危险行为征收金，由现行的机动车赔偿保险金、劳动者灾害补偿保险金、公害健康被害补偿法规定的污染负荷量赋课金以及其他潜在的加害人群体筹措的款项构成；其二为自卫性保险金，由医疗保险和退休保险、生命保险等潜在的受害人群体筹措的款项构成；其三为向故意侵权的行为人的追偿。① 被害者从该救济系统中获得给付，系统对加害者进行追偿以补充资金，侵权责任制度逐渐消解。该构想实际上是将现有各种救济制度的资金注入一个"基金"之中，构建一种综合救济体系，使给付窗口与给付内容得以一体化，并在此基础上废除侵权责任制度。该制度的施行既可以使救济的实效性得到大幅度的改善，也可以消除制度之间差异给付或者重复给付的现象。除故意侵权的场合，损害的负担均得到一定的分散，社会的负面效应也因此被抑制。

加藤雅信教授旗帜鲜明地提出废止侵权责任制度，虽与其他学说观点有所不同，但与前面所讨论的无过错责任论仍有极大的共通性。两者秉持相同的公害观，均将公害等现代大规模生产的衍生品视为社会所允许的危险，在对被害者救济的同时亦对企业经营活动的保护、

---

① 于敏. 日本侵权行为法（第三版）[M]. 北京：法律出版社，2015：94.

维持有所考虑。该点在加藤雅信教授对社会负面效应的担忧上得到了充分的体现。

当然，两者的观点也存在很大的不同。通说立足于公害乃社会所允许的危险的立场，面对企业活动的维持与被害者救济两种相反的需求，通过限制企业责任或者保险化调整两者之间的矛盾。但由于通说仍坚持侵权责任，其调整的充分性仍有待商榷。比如，加藤一郎教授认为，作为调整手段的责任保险是以侵权责任的存在为前提的，该调整最终不得不为侵权责任的要件所束缚，无法摆脱侵权责任制度的解决路径，极易沦为"全有或全无"（all or nothing）的方式。加藤雅信教授的综合救济系统理论则更侧重于补偿，其对侵权责任（当然也包括过错责任）进行了否定，认为侵权责任的意义更多的在于求偿依据的确立。该理论主张以社会承担风险的形式更加彻底地分散责任，与商业保险甚至社会保障加以融合成为必然。通说虽也考虑到了以社会分担的形式对损害予以分散，但是在责任保险适用的过程中，分担者仅被限定在有可能成为加害者的集团，仍不够彻底。相较之下，综合救济系统因不囿于侵权责任制度，通过社会保险、社会保障的途径可更加灵活并且有效地调整两种需求，责任分散更加彻底，能够对社会负面效应的防止与被害者救济的实效性进行平衡。

3. 综合救济系统的问题

尽管综合救济系统的构想在及时而充分地救济被害人方面具有其他制度所不及的优势，但是该构想仍招致了日本学界的一些批判。第一，该构想不问损害发生的原因而对所有受损害者给予统一标准的补偿，会导致现行给付水准较低的领域得到改善，较高的领域有所降低。而为了避免给付水准在总体上降低，极有可能促使基金的给付水准向现行的最高水准靠拢，增大资金的需求。然而伴随着现今日本社会保障的愈加乏力，救济水准有可能会进一步降低，如何进行资金的筹措是一个不得不面对的问题。① 第二，由于该构想将各种事故类型不分原因地统一化解决，使包含社会保障的既存的救济制度得以一元化，因而向基金机构提出给付请求者将会激增，故需设置专门的机构与人员实施收缴与给付业

---

① 吉村良一. 不法行為と《市民法論》——公害における企業の民事責任を中心に [J]. 法の科学，1984（12）.

务，耗费的运行成本巨大。第三，在综合救济系统中，加害者的责任最终归结于保险费的支付。此虽可防止社会的负面效应，但是从另一方面看则是对加害者责任的稀薄化，是否会助长大规模侵权事件的滋生是存在疑问的。对此，棚濑孝雄教授的批判更为深入，他认为侵权责任背后的道德基础有三：个人的正义、全体的正义、共同体的正义。传统侵权责任立足于个人的正义，即加害人承担损害赔偿责任，而全体的正义旨在将受害"集合化"，消除受害者之间救济的不平衡以实现损害填补的公平性。综合救济系统正是定位于全体的正义，通过一体化的给付使受害者的正义需求得到最大限度的满足。但是该救济方式也弱化了加害者责任的追究，有破坏社区乃至社会整体之虞，故而不利于实现共同体的正义。① 况且在公害事件中，社会的负面效应在现实中究竟以何种程度存在、何种方式乃最佳解决途径亦不得而知。第四，对于侵权行为造成的损害结果，救济方式不仅有损害赔偿，还有停止侵害等，该系统并未涉及。另外在被害者过错对于损害结果的形成也具有原因力时，给付额度应当相应减少，该系统显然亦未予考虑。②

　　加藤雅信教授承认综合救济系统的焦点在于受害者的救济，损害填补与损失分散是该系统的核心机能。对于学界的诸多批判，他做出了一定的回应。首先，基本资金的筹措可通过分配至加害者集团与向真正责任者的追偿实现，必要时辅之一定范围内的国家支持。给付水准以国民的平均所得为基准，对于在该基准下高额收入者可能存在的给付不充分的情况，可通过自卫性保险予以填补，力争达到广泛的救济。其次，制度一体化之后，若以科学合理的方法进行运作，该制度的成本总额将比现行多渠道救济机制降低很多。最后，基金中的危险行为征收金即是依据加害者集团在损害中的作用程度计算得到的，彻底贯彻该金额的收缴之后，侵权责任制度的事故抑制机能在该机制下亦能够得以维持。尽管加藤雅信教授的构想最终碍于日本的社会发展水平未能实现，但是基金救济的方式被用于日本众多公害领域，在一定程度上实现了侵权损害赔偿的社会化。

61

---

① 棚瀬孝雄. 不法行為責任の道徳的基礎［J］. ジュリスト，1991（987）.
② 樋口範雄. 不法行為制度の危機と改革の意義——アメリカの医療過誤訴訟を例にとって［J］. ジュリスト，1991（987）.

第3章 日本公害健康被害救济制度

3.1 公　　害

20世纪50年代后日本大力推动本国的工业化，经济得以快速恢复与发展，创造了"亚洲奇迹"。然而与此同时，伴随着工业化与城市化进程不断加快，日本社会进入了狂热生产与大量消费的时代，资源极度消耗。不断积累的资本日渐暴露出其狰狞的面目："资本害怕没有利润或利润太少，就像自然界害怕真空一样。一旦有适当的利润，资本就胆大起来。如果有10%的利润，它就保证到处被使用；有20%的利润，它就活跃起来；有50%的利润，它就铤而走险；为了100%的利润，它就敢践踏一切人间法律；有300%的利润，它就敢犯任何罪行，甚至冒绞死的危险。"① 为了实现资本的进一步增值，企业纷纷采取各种生产模式和经营手段以降低成本，在优胜劣汰的市场竞争中占据有利地位。道德风险亦由此产生，一些企业疏于社会责任的承担，肆意污染环境，降低产品质量，酿成了一系列公害事件。尽管世界范围内其他发达国家也存在公害事件，但是日本的公害事件更加严重，也被研究者称为"公害先进国"或者"公害列岛"。

3.1.1 公害的界定及其特征

1. 公害的概念

"公害"一词起源于日本，最早对其的界定见诸1967年颁布的

---

① 马克思. 资本论（第1卷）［M］. 北京：人民出版社，2018：871.

《公害对策基本法》。1993 年颁布的《环境基本法》对此予以沿袭，在第 2 条第 3 款中规定了公害的定义，即由企事业单位活动及其人为活动引起的相当范围的大气污染、水质污染、土壤污染、噪音、震动、地面下沉以及恶臭等对人体健康或生活环境等造成的损害。但是以事件类型列举的方式界定公害，使公害的概念具有极大的模糊性与限定性。原田尚彦教授认为，这一定义乃是日本政府在出台环境对策的迫切性之下根据当时公害所致损害的严重程度所列举的几种典型公害表现。从理论上讲，人为对环境造成的损害都应当纳入公害的范围。[1] 目前日本主流学者在公害的衡量上仍坚持公害须是以地域性的环境污染为媒介的，故在食品、药品领域发生的大型侵害事件尽管同样由人为活动引起，因未以环境作为中介，故非为环境公害。[2]

　　然而，随着日本社会众多领域中大型侵害事件的井喷式爆发，越来越多的学者主张对公害的概念做扩张解释。以食品、药品领域为例，鉴于某些食品、药品引发的侵权事件中损害波及范围广，受害者广泛，部分学者提出也应当在公害的范围内纳入食品公害、药品公害等类似公害。该诉求不仅存在于日本学界，在普通民众中亦有强烈的呼声，其赞同将食品公害、药品公害等事件的受害者纳入环境公害的救济对象中，根据《公害健康被害补偿法》获得救济。时至今日，尽管在食品、药品领域不存在严格法律意义上的食品公害、药品公害概念，但是随着20 世纪 60 年代以后公害概念作为日常词语在日本社会的不断渗透，食品公害、药品公害概念渐渐得到了理论界与实务界的认可，在广义上得到了应用。目前在日本学界，药品公害、食品公害、石棉公害、核公害作为广义上的公害典型，探讨得最为系统与深入，本书将以之为对象分章进行讨论，而本章的公害健康被害救济仍建立在狭义的"公害"概念基础之上。

2. 公害的特征

　　公害事件不同于传统的侵权类型，其是人类活动范围不断扩展、对外界影响不断加深的产物，也可以说是风险社会的"副产品"。公害事件通常对不特定的多数主体造成广泛而持续的损害，所以已不单单是个

① 原田尚彦. 環境法（補正版）[M]. 東京：弘文堂，1994：4.
② 大塚直. 環境法 [M]. 東京：有斐閣，2002：8.

体之间的损害赔偿纠纷，而是影响到社会公众利益的恶性事件。而其致害机制的复杂性又导致了因果关系难以判定，致使救济工作异常棘手。无论是本章狭义的公害，还是后文的药品公害、食品公害、石棉公害、核公害，其均具有以下公害事件的共通特征。

（1）人为造成性。

同样是损害，公害与地震、火山爆发等突发性的自然灾害是有明显区别的，公害是人类生产活动范围不断拓展的产物。随着资本主义社会的不断发展，公害在现代社会的各个领域蔓延，产业公害、都市公害、设施公害、农业公害、旅游公害、开发公害均是其表现形式。正是由于公害的产生机制中有大量的人为因素，非纯粹由自然力造成，因而对致害者的追责具有了理论的妥当性。

（2）范围广泛性。

就地域而言，公害波及的范围是广泛的，不局限于某一地区。比如在产品侵权事件中，市场的助推使产品的广泛流通成为了可能，致害原因在地域上具有分散性，损害结果相应地离散开来。就加害者而言，在很多公害事件中加害者人数众多且几乎无法予以特定，比如大量排放的生活垃圾在一定时间后形成的恶臭，对此由于加害者基数过大很难对其加以特定。即便通过技术手段能够锁定加害者，成本也是极其高昂的。就被害者而言，公害事件通常造成大规模的受害群体出现，而且被侵害对象除了财产权以外，生命权、健康权也往往受到威胁。在性质极其恶劣的公害事件中，甚至人类生活环境亦会受到毁灭性的破坏。

（3）损害持续性。

与一般侵权不同，公害造成的损害结果呈现出动态发展的态势。由于某些公害事件致害机理极为复杂，当时的科学技术条件并不能明确致害原因，故在公害事件发生的一段时间内被害者对自身受到的侵害无从得知。加之损害结果具有缓释性，在一些公害事件中损害的真正暴露要花费 20～30 年的时间，致害因子便在受害者体内进行了长时间的蓄积。更为严重的是，在有些公害事件中损害能够在代际间传递，对于直接被害者后代的生命权、健康权亦造成了巨大损害。此外，有些公害是多种因素复合积累后形成的，一旦发生即对环境具有持久的破坏力，不仅对环境中的自然元素，而且对于其中蕴含的人文元素也损耗极大，修复几无可能。

（4）因果关系复杂性。

由于受害人具有多数性与复杂性，因而很难证明个体损害与侵权行为之间的因果关系以及原因力强弱。另外，在某些公害事件中，侵害行为与损害结果之间的时间间隔较长，即使辅之以最先进的科学论证，亦无法绝对揭示两者之间的因果关系。比如在石棉公害事件中基于人群接触或者使用石棉相关产品的时间、频率、个体抵抗力以及免疫力的差异，石棉损害之于不同个体的损害程度、范围以及病症显露时间均存在极大的不同，即使运用现有科学手段亦无法对此完全确认。

3.1.2　日本"四大公害"

随着日本经济的高速发展，自20世纪50年代始，日本陆续出现了被称为"四大公害"的熊本水俣病、新潟水俣病、富山痛痛病、四日市哮喘病。在这些公害事件中，患者承受着巨大的肉体痛苦与精神折磨。

20世纪50年代，熊本水俣病在熊本县的水俣湾沿岸爆发，患者呈现出了语言表达障碍、视力障碍、行动障碍、四肢僵直变形、手足麻痹、痉挛等各种症状，严重者甚至死亡。事件原因是氮肥公司在生产过程中使用水银化合物做催化剂，并将含有水银化合物的废水未经处理直接排放到水俣湾。20世纪60年代，由于昭和电工鹿濑工厂向阿贺野川排出了水银化合物，在新潟县阿贺野川流域也爆发了与熊本水俣病相同的大范围疫情，故也被称为第二水俣病。

20世纪50~70年代，富山痛痛病在富川县的神通川流域爆发。之所以称之为痛痛病，是因为患者长期饱受关节和脊骨的极度痛楚。患者呈现出不同程度的镉中毒的症状，镉的慢性中毒首先会导致肾脏障碍，接着表现出骨软化症、内分泌失调等病症，严重者出现骨骼软化（骨质疏松症）及肾功能衰竭。经日本厚生劳动省判定，症状出现的原因在于三井金属矿业神冈矿业所的铅矿山与亚铅矿山及其冶炼厂向神通川排放了大量的镉。

20世纪60~70年代，四日市公害（又称四日市哮喘）爆发，由三重县四日市的石油化学工业基地向大气中排放的硫氧化物造成。患者除头痛、失眠、食欲不振外，严重者亦罹患慢性支气管炎、支气管哮喘等呼吸道疾病。

3.2 侵权责任救济——以"熊本水俣病事件"为例

　　熊本水俣病是日本历史上最大的水污染公害事件。有关熊本水俣病的诉讼案件有三件，类型并不相同：第一次诉讼是追及企业侵权责任的民事赔偿案件；第二次诉讼是追及国家认定水俣病患者的基准不当的行政诉讼案件；第三次诉讼是追及国家行政不作为的行政诉讼案件。本书从侵权责任救济角度选取了熊本水俣病第一次诉讼案件作为探讨对象。作为"四大公害"中最先提起诉讼的案件，熊本水俣病第一次诉讼判决从前所未有的观点出发，课以加害者严格的过错责任，被评论为"披着过错外衣的无过错责任"，推进了过错的客观化。同时，其在因果关系的证明、抚恤金契约的效力认定以及损害数额的算定等问题上亦有独到之处。① 其非同寻常的历史意义以及对此后日本公害健康被害救济制度的影响使其在日本的公害历史中占有重要的一席之地。

　　20世纪50年代熊本水俣病事件发生后，熊本县向厚生劳动省卫生部汇报了该事件。熊本大学接受熊本县的委托，启动了水俣病医学研究班，对病因进行研究。1959年7月熊本大学发表了研究结果：水俣病的产生原因在于氮肥公司向水俣湾排放含有水银化合物的污水，水银化合物被鱼类吸收，摄食这些鱼类的人群因此罹患有机汞中毒症。然而，氮肥公司拒绝承认其公司排出的有机化合物是水俣病的病因。1959年12月，氮肥公司与患者组织——水俣病患者家庭互助会签订抚恤金协议，并明确表示该抚恤金协议并非基于侵权责任而是基于道义上的补偿。该协议规定：若此后查明水俣病并非由氮肥公司的排污行为引起，则从事实确定之月起停止抚恤金的发放；而即便此后确认水俣病确由氮肥公司的排污行为引起，水俣病患者也不得再提出新的补偿金要求。自此，氮肥公司持续向水俣病患者支付少额的抚恤金。1969年6月14日，112人在熊本地方裁判所向氮肥公司提出了约6.4亿日元的损害赔偿，

---

　　① 森泉章，杨素娟．熊本水俣病事件第一次诉讼判例解说［J］．私法，2001（1）．

此即水俣病第一次诉讼。熊本地方裁判所历时 3 年 9 个月，最终于 1972 年 10 月做出了判决，其间共召开法庭辩论与调查 53 次，外出调查取证 18 次，鉴定证据 4 次，庭审中传唤证人 54 人次。[①] 该诉讼的争论焦点在于：第一，氮肥公司的排污行为是否具有过错；第二，抚恤金契约的法律效力问题；第三，损害赔偿的计算问题。

3.2.1　过错责任的认定

在熊本水俣病诉讼中，原告提出了著名的"工厂污恶水论"：化学工厂在明知其工业废水极有可能对动植物以及人体造成危害的情况下仍继续在生产经营过程中排放的行为，本身即存在故意或者过失。尽管化学工厂可能对于有机水银化合物为原因物质这一事实无法认识，但并不意味着可以减轻或者免除化学工厂在排污过程中的注意义务。其应当经常对其排放的污水进行调查，确认其安全性，故在注意义务的懈怠这一点上氮肥公司具有过错。

对此，氮肥公司承认了其在生产制造过程中向海水投放了有机水银化合物，但主张不具有预见可能性而无过错。其认为，1962 年熊本大学研究班通过对水银渣进行抽样才调查出水俣病的成因：排放的水银化合物污染了海中的鱼贝类，其在被人类食用后，毒素在人体内蓄积并最终引发了中毒性神经症状。[②] 该成因在未调查前专家尚有可能不知，氮肥公司更不具有预见可能性，因而工厂无过错。

判决认为，大部分化学工厂在生产过程中都存在化学反应，故多种多样的危险物质会作为原料或者媒介被使用，其中未反应的原料、媒介、中间生成物、最终生成物等产生巨大危险的物质混入工厂废水中的可能性是极大的。假若该废水中的危险物质散布到河川或者海水中，那么对动植物、人体的危险性是可想而知的。因而化学工厂向工厂外排放废水时，通常必须运用最高水平的知识与技术对废水中是否混有危险物质以及废水对动植物、人体具有何种影响进行充分的调查研究以确保其安全性。另外，如果发现危害存在或者对于安全性存有疑问，应当立即采取停工等最大必要限度的防止措施，防止其行为对地域居民的生命、

[67]

---

① 冷罗生. 日本公害诉讼理论与案例评析［M］. 北京：商务印书馆，2005：293.
② 宫本宪一. 水俣病裁判全史［M］. 東京：日本評論社，2001：549.

健康造成损害。① 氮肥公司作为当时日本国内为数不多的合成化学工厂之一，负有高度的注意义务：对废水的分析、调查以及对废水排放处水俣湾环境变化的监控、安全管理。被告的观点中将预见对象仅限定在特定原因物质的生成，主张其因不具有预见可能性而不负有注意义务。若以此而论，则预见对象至环境被污染破坏，居民的生命、健康出现危害的阶段才能够被确定，在此之前不得不允许具有危险性的废水的排放，作为必然性的结果，地域居民的生命、健康必定受到侵害，不当性显而易见。

3.2.2　抚恤金协议的效力

原告主张其与氮肥公司签订的抚恤金协议并非和解协议。被告在明知调查结果——其排放的工业废水是水俣湾海域鱼类中毒的原因后，为了避免将来可能发生的更大数额的索赔请求，无视渔业协会的抗议，隐瞒事实真相，使原告在承诺不再对今后水俣病损害提起赔偿诉讼的基础上签订了抚恤金协议。② 该协议中的权利放弃条款属意思表示错误且违反了公序良俗的基本原则，应为无效。而被告主张抚恤金协议符合《日本民法典》第 695 条关于和解协议的规定，属双方合意，应为有效；并且水俣病患者已依据该协议获得了抚恤金的补偿，丧失了再行提起诉讼的损害赔偿请求权。

本判决指出，氮肥公司利用水俣病患者掌握信息的匮乏以及经济的窘迫在抚恤金协议中附加了权利放弃条款。若承认抚恤金协议中权利放弃条款的效力，会在当事人之间造成明显的利益不均衡，因而该协议因违背公序良俗原则而无效。在抚恤金协议全部无效还是仅权利放弃条款无效上，判决认为在协议签订方主观恶性显著，协议内容严重违背公序良俗的情况下应认定协议全部无效，而在主观恶性并非特别显著但权利放弃条款的认定会造成当事人权利不均衡的情况下应认定权利放弃条款无效。因此，判决认为该抚恤金协议违背了公序良俗原则，全部无效。

---

① 熊本地判昭 48.3.20 判時 696 号 15 頁。
② 原田正純. 水俣病［M］. 東京：岩波書店，1972：57.

3.2.3　损害赔偿额的计算

原告提出了"包括请求"，指出其遭受的损害为"包括环境在内的对人类总体的破坏"，主张对其遭受的社会的、经济的、精神的损害予以综合性赔偿，并且也应给予全体被害者均一而定额化的损害赔偿。对此，被告主张患者在年龄、职业、收入水平上存在差异，而症状、治疗康复期间又有所不同，应针对各个患者的具体情况赔偿，而非按均一额度进行。

判决否定了均一额度的赔偿请求，认为在计算赔偿费用时，除考虑每个患者的健康状况、病状与发病经过、时间长短外，还应斟酌这些患者的年龄、职业、可能劳动年数、收入、生活状态等各种情况。[①] 但同时其根据公害损害的特殊性质，在对责任企业与受害者地位的非交替性、加害行为的受益性及损害的广泛、持续性等予以考虑的基础上改造了传统的精神损害赔偿计算方式，将逸失利益包含在内一并计算，并且不以症状的轻重作为划定精神损害赔偿数额的依据，在一定程度上认可了定型化的方式。最终熊本地方裁判所于 1973 年判决氮肥公司赔偿死亡者家属 1800 万日元，赔偿重症患者 1700 万日元，赔偿症状较轻患者 1600 万日元，原告取得了全面胜诉。被告方未上诉，判决生效。

熊本水俣病事件并非是不可避免的，而是企业在利益的驱使下放任其生产行为对环境造成损害的结果。如何公正地认定相关企业的责任牵动着当时日本社会各界的神经，着实是对熊本地方裁判所的一大考验。本案之所以能够成为日本公害历史上的经典案例，与熊本地方裁判所的成功审理不无关系。熊本地方裁判所在该案件的审理过程中，虽然借鉴了新潟水俣病诉讼、富山痛痛病诉讼以及四日市哮喘病诉讼的审判经验，但并未一味模仿，而是进行了积极的创新。首先，其确立了企业造成公害即承担责任的原则，有力地推动了环境侵权领域无过错责任的建立。其次，鉴于公害事件的特殊性，在损害赔偿数额的计算上突破了传统的损害计算方式，将之前公害诉讼判决中未予重视的逸失利益纳入赔偿范围，故本案受害者的赔偿金额远远高于新潟水俣病诉讼、富山痛痛

---

① 姜金良.熊本水俣病环境诉讼案评介及启示［J］.人民司法，2015（2）.

病诉讼中人均 1000 万日元的标准。

3.3　日本公害健康被害补偿制度

　　在日本，公害事件被害人除可通过民事诉讼追究加害人的环境侵权责任外，还可以通过行政程序获得损害救济。日本在 1969 年颁布了《有关公害健康被害救济的特别措施法》，提供了公害救济制度的蓝本，亦为《公害健康被害补偿法》的制定奠定了基础。该救济法主要规定了被害人医疗费的补助，对于财产损失与精神损害并不予补偿。补助资金由政府出资 50%，企业出资 50%，其很大程度上体现了社会保障的性格。紧随其后，1972 年日本制定了《公害无过失责任法》，即不管企业是否具有过错均须对其造成的公害承担损害赔偿责任。日本产业界因此受到了极大的冲击，它们认识到无过错责任的推广将会增加其承担损害赔偿责任的盖然性，故为了分散责任负担以及抑制诉讼泛滥，积极推动公害健康被害补偿制度的创设。与此同时，公害事件中的被害人亦考虑到该制度能够确保加害者责任的履行以及扩大损害赔偿费用的范围，故对此持肯定态度。在此背景下，《公害健康被害补偿法》于 1973 年出台，该法在制定时立法目的即十分明确：本法的目的在于填补受害人健康损害以及推进受害人福利事业，以图迅速并且公正地保护健康被害的受害人。[①]

　　公害健康被害补偿制度仍是基于民事责任通过加害人对受害人损害的承担以解决公害事件造成的健康损害问题，因而指定疾病与原因物质之间的一般因果关系仍须加以证明，此外，造成污染的原因者承担补偿给付的费用是该制度的前提。但是考虑到公害事件中个别因果关系举证的困难性、加害群体的不特定多数性等情况，为了能够对公害健康被害者给予迅速且公正的救济，该制度做了与侵权责任制度相区别的设计。就其救济机制而言，该制度本质是一种基金，[②] 但由于其行政主导色彩较为浓厚，加之运作以《公害健康被害补偿法》为依据，故而在实践

---

　　① 遠藤真弘. 水俣病訴訟［J］. レファレンス，2016（785）.
　　② 淡路剛久. 加害者を保護する制度（公害基金——カネでかたがつくものか）［J］. 朝日ジャーナル，1973（15）.

中多以公害健康被害补偿制度称之。

3.3.1　制度的救济对象及程序

日本《环境基本法》中规定的公害类型有七种，但《公害健康被害补偿法》仅以大气污染与水污染的被害者为救济对象。其原因在于当时日本社会的公害健康被害大多源于大气污染，而该类型损害的因果关系极难认定，故有必要进行特别的制度化。对于水污染，则是考虑到其与大气污染类型具有相似性，准用此法。

1. 救济对象

制度的救济对象分为两类：一类是第一种地域的公害健康被害者；另一类是第二种地域的公害健康被害者。第一种地域的健康被害针对的是因大气污染受到的损害。其对于大气污染的责任者关注较少，而将重点置于被害者的救济。在制度施行之初，对于第一种地域，由于无法锁定致害的具体原因者，所以由全国范围内的相关企业共同承担救济费用，救济项目也相应地被限定。该地域的公害健康被害救济具有以下四个特征：其一，以大气污染与疾病之间的疫学因果关系为前提，不再追究个别因果关系成立与否，即只要其在指定区域曝露于污染源并显示出了一定症状，就能够被认定为公害病患者。具体而言须满足三个要件：地域要件——大气污染显著且相关的支气管炎等疾病多发的地域；曝露要件——在该地域居住或工作过一定时间；疾病要件——罹患的疾病须为支气管炎等指定疾病。其二，补偿给付费用的负担者被限定为依据日本的《大气污染防止法》设置了相关设施排放污染原因物质的主体。即便其现在已不再设有该设施，只要其曾经存在排污行为，则仍须对补偿给付费用加以分担。其三，补偿给付的内容呈现出一定的定型化。其四，救济的对象仅限于健康损害。①

随着时间的推移，第一种地域的范围不断扩展，至 1978 年增至 41个地市，与此同时大气污染的致害原因也逐渐明确：工厂废气与机动车尾气的排放。在日本全国的空气质量不断改善的背景下，地域限定的必

---

① 原田尚彦. 環境法（補正版）[M]. 東京：弘文堂，1994：69.

71

要性被弱化，1988 年日本取消了第一种地域的指定，不再对公害健康被害患者进行新的认定，但在认定取消前已被认定的公害健康被害患者仍能够得到该制度的救济。而对于第二种地域，污染原因物质与疾病之间的因果关系一般都得到了明确，因而由特定的排放原因物质的主体承担损害赔偿费用，比如在水俣病、痛痛病事件中即是由造成该类公害事件的特定主体对公害患者进行相应的损害赔偿。具体而言，该类主体须满足三个条件：其一，排放了造成相应疾病的大气污染物质或水质污染物质；其二，排放的物质是造成指定地域大气污染或者水质污染的原因；其三，设置了《大气污染防止法》规定的排放废气的特定设施或设置了《水质污浊防止法》规定的特定设施。

2. 给付程序

补偿给付的认定由都道府县知事进行，但在政令指定的区域，由该市市长负责。都道府县知事或市长认定后，须向被认定人交付公害医疗手册，该医疗手册具有健康保险证的性质，可作为接受医疗给付的证明书。认定后，溯及申请时发生效力。本法对认定设置了有效期间，若在有效期间内未能痊愈，患者仍可向都道府县知事或市长申请更新认定，若有效期间内已痊愈者，都道府县知事或市长亦可取消该认定。疾病的认定、认定的延长、更新或取消，涉及医学专门知识，因此都道府县知事或市长在认定时，须听取公害健康被害认定审查会的意见。该认定审查会设置于指定地区的都道府县或市，由 15 名委员组成，委员由都道府县知事或市长从医学、法学或其他具有公害健康被害补偿知识、经验的人员中任命。① 公害健康被害补偿制度以空气污染疾病患者为主要救济对象，在认定过程中必然涉及因果关系如何认定的问题。但是对于空气污染疾病，因果关系的证明难度极大，故以疫学因果关系理论作为认定基础，即特定疾病患者只要在特定区域经历一定的曝露期间则视为该疾病与空气污染之间存在因果关系。而且该因果关系不得举反证加以推翻，对受害人有利。

公害健康被害者若对都道府县知事的认定或补偿给付的决定不服，其可以首先向做出该决定的都道府县知事提出异议。其后，在被害者对

---

① 警察厅．犯罪被害者等施策［EB/OL］. https：//www. npa. go. jp/hanzaihigai/suisin/gaiyo. html.

都道府县知事对于该申请做出的决定仍不服或者异议申请 2 个月后都道府县知事仍未做出决定的情况下，被害者有权向公害健康被害补偿不服审查会进行审查请求。不服审查会是根据公害健康被害补偿相关法律特别设立的，旨在迅速而妥当地处理不服申请。对决定不服者也可以向法院提起取消该决定的诉讼，但是必须要在公害健康被害补偿不服审查会对该审查请求予以裁决之后。

3.3.2　制度的救济项目

1969 年《有关公害健康被害救济的特别措施法》的补偿给付项目有医疗费用、医疗津贴、护理津贴三种。《公害健康被害补偿法》有七种，即医疗给付及疗养费、残疾补偿费、遗属补偿费、遗属补偿一时金、儿童补偿津贴、疗养津贴、丧葬费。

1. 医疗给付与疗养费

特别措施法的补偿给付以现金给付为原则，《公害健康被害补偿法》以现物给付为原则。被认定者只需向公害医疗机关（原则上指《日本健康保险法》《国民健康保险法》《生活保护法》规定的指定医疗机关）出示公害医疗手册即能够获得医疗服务，而由医疗机关向都道府县知事请求治费。医疗给付的种类有六种：一是诊疗费；二是药剂或治疗材料的给付；三是医学的处置、手术及其他治疗；四是医院或诊疗所的收容；五是护理；六是移送。

在因自然灾害等不可抗力无法在公害医疗机关接受诊疗而不得不在其之外的医疗机关进行治疗的情况下，被认定者可以向都道府县知事请求其支付的医疗费用，此即疗养费补偿。疗养费的请求期限为自能予请求之日起两年。

2. 残疾补偿费

在被认定者因患有指定疾病而身体留有残疾的情况下，该制度通过残疾补偿费的支付对该残疾造成的损害予以填补。尽管该费用的支付以民事责任为基础，但是考虑到被认定者的多样性，以其实际损害为依据进行给付是困难的，故以残疾的程度、性别、年龄等因素为给付额度的区分标准进行定型化给付。其中，根据日常生活的困难程度以及劳动能力的丧失程度，残疾程度共区分为四个级别。残疾补偿费的数额即是由残疾补偿标准给付基础月额乘以相应的残疾等级确定。残疾补偿标准给付基础月额以全体劳动者平均工资的80%为基础，因性别、年龄、阶层而有不同，由环境大臣听取中央公害审查委员会的意见决定。

在补偿给付费用中，医疗给付、疗养费与残疾补偿费所占比例最大，约占全部费用的3/4。

3. 遗属补偿费及遗属补偿一时金

被认定者因指定疾病死亡时，该制度对于在其生前依赖其经济能力维持生计的遗属按照一定的顺序予以经济补偿。遗属补偿费包括被认定者的逸失利益、精神损害等，在被认定者因指定疾病死亡的场合始为给付。而在其他疾病与指定疾病共同作用导致其死亡时，因难以判断与死亡具有直接因果关系的究竟为何种疾病，故只要指定疾病与死亡相关即可认定其为《公害健康被害补偿法》所涵盖的健康受害者。此补偿费旨在恢复遗属的生活水平，因而遗属补偿费应定期支付至遗属生活趋于安定为止，通常为10年。遗属补偿标准给付基础月额为相应年龄、性别的劳动者平均工资的70%，每年由环境大臣听取中央公害审查委员会的意见决定。

在有权获得遗属补偿费的主体不存在的情况下，对于一定范围的遗属一次性给付补偿金，通常为遗属补偿标准给付基础月额的36个月的数额。遗属补偿费与遗属补偿一次给付金的请求期限为被认定者死亡后两年内。

4. 儿童补偿津贴、疗养津贴与丧葬费

未满15周岁的儿童尚在义务教育阶段，无劳动能力，因此纵有残疾也不能受领残疾补偿费。但是考虑到儿童人身权被侵害以及伴随的精神损害，同时父母为照料残疾儿童亦要付出巨大的经济成本，《公害健康被害补偿法》规定依据儿童日常生活的困难程度给予养育者定额的儿童补偿津贴。

被认定者就该指定疾病接受疗养的情况下，若其损害程度符合政令规定，则都道府县知事基于其请求，依政令规定的额度给予其疗养津贴

的补偿，包括往返医院的交通费、住院的杂费等。该疗养津贴的申请年限为两年，自能够申请之日起算。

被认定者因指定疾病死亡，都道府县知事根据料理丧葬事务者的请求，给付其丧葬通常所需费用。

3.3.3　制度的资金来源

无论对于第一种地域，还是对于第二种地域，制度得以运行所需的费用均由四个部分组成：补偿给付费用、公害保健福祉事业费用、给付事务费用、收缴事务费用。其中，公害保健福祉事业费用包括康复训练事业费用、疗养用具提供事业费用、家庭疗养指导事业费用、流感预防接种的促进事业的费用等，给付事务费用是指县知事或者市长处理给付事务所需费用，收缴事务费用则是指环境再生保全机构①进行资金收缴所需费用。

1. 第一种地域

考虑到大气污染主要由工厂废气与机动车尾气的排放造成，补偿事务费相应由污染负荷量赋课金与机动车重量税②组成，比例为 4∶1。污染负荷量赋课金是以装备有大量排放硫氧化物设施的工厂为征收对象，数额为各企业的单位排放量的分担金额乘以企业的年度总排放量，其中每单位排放量的分担金额，是污染负荷量分担金的总额除以排放设施设置者前一年度硫氧化物的总排放量。污染负荷量赋课金的缴纳义务者限定为一定规模以上的工厂及其他企业，规模较小的工厂及企业不负有此义务。之所以这样规定，乃是考虑到小规模企业与大气污染的因果关系较弱，不应承担过多费用，而且与缴纳费用相比收缴的成本可能更大，具有非效率性。但是，对于原先特定区域的工厂及企业，由于其聚集效应确实导致了大气污染的发生，所以即便其规模再小亦负有缴纳义务。

① 环境再生保全机构于 2004 年设立，为日本的独立行政法人，机构设有理事长 1 人，理事 3 人，监事 2 人。总部设在神奈川县，支部设在大阪府。主要负责因大气污染、水污染造成的健康被害补偿业务、公害健康被害预防业务、石棉造成的健康被害救济业务等。

② 在日本，国民在购买机动车与例行车检时须依据机动车的重量向国家缴纳一部分税额，称为机动车重量税。

在日本，全国每年大概有 8400 所企业进行污染负荷量赋课金的缴纳。符合缴纳条件的企业向环境再生保全机构申报并予以缴纳，该机构根据县市区的请求将该部分费用与政府收缴的机动车重量税的一部分予以交付，县市区再依据医疗机关或者被害者的请求进行补偿给付。①

公害保健福祉事业费用资金来源由三部分构成，污染负荷量赋课金与机动车重量税仍以 4：1 的比例占总费用的一半，中央政府与地方政府的出资分别占 1/4。给付事务费用的资金来源由中央政府与地方政府各占一半，收缴事务费用则由一部分污染负荷量赋课金提供。

2. 第二种地域

对于第二种地域，补偿事务的费用源于特定赋课金。由于向大气、水体的排污行为与疾病之间的因果关系已然确定，因而特定赋课金的缴纳主体为存在排污行为的工厂。根据其排污量的多少，按一定比例对补偿给付费用予以分担。由于很多情况下大气污染、水污染导致的损害经过长年累积才表现出来，若仅对现有排污设施的设置者收取费用，则违背了"污染者负担"的原则，故只要曾经设有排放设施即负有承担费用的义务。与污染负荷量赋课金的收缴以排放一定量以上污染物质的企业为对象不同，特定赋课金针对的是排放污染物质的行为，无论企业通过排放设施向外界的排放量如何，基于其是污染原因的一部分，均须对损害结果负责。当然费用的承担数额对应于其在污染原因构成中的比例。特定赋课金的缴纳不需要进行特别的申报，而是环境再生保全机构在对指定地域的事态予以调查的基础上确定缴纳者与缴纳金额，以缴纳通知书的方式告知特定主体。

而在公害保健福祉事业费用、给付事业费用、收缴事务费用的资金来源方面，第二种地域与第一种地域基本相同，只是在污染负荷量赋课金与机动车重量税的部分将污染负荷量赋课金替换为特定赋课金。

3.3.4 公害健康被害预防基金

公害健康被害补偿制度不仅着眼于被害者的实际损害，也对公害健

---

① 環境再生保全機構. 公害健康被害補償・予防の手引 [EB/OL]. https：//www.erca. go.jp/fukakin/seido/gaiyo.html.

康被害的预防事业有所关注。为了保证公害健康被害预防事业的顺利运行，日本设立了专门的基金，重点针对先前的第一种地域以及相类似的区域（世田谷区、中野区、杉并区、练马区、西宫市、芦屋室）。考虑到现今大气污染对健康造成的可能影响，基金的主要缴纳对象即为设置了向大气排放污染物设施的企业以及事业活动与大气污染具有关联性的其他主体。此外，基金也得到了国家财政支持，从 2008 年开始日本环境省向基金拨付自立支援型公害健康被害预防事业补助金。基金的运营机构为环境再生保全机构，主要实施两方面的业务：其一为机构本身的业务；其二为地方公共团体事业的促进业务。前者又可具体分为三个方面：调查研究——对大气污染影响人体健康的综合研究、区域性大气污染政策的调查研究；知识普及——通过网页、传单宣传等途径扩大影响；培训——对地方团体中从事公害健康被害预防事业者的培训。后者则主要指采取一定的举措以促进地方公害健康被害预防事业的推进，比如为地方大气污染环境的改善制定相应的政策、开展婴幼儿疾病预防的指导工作，以及为哮喘儿童开设专门的游泳课堂、音乐课堂、装备配套的医疗器械等。

77

3.4　大气污染医疗基金制度

日本的大气污染主要由两个方面造成：一是产业型大气污染，其是由企事业单位在生产活动中产生的。该类型的污染在 20 世纪六七十年代较为猖獗，在日本政府的大力整治下已基本得到了有效的治理。二是都市型大气污染，比如汽车尾气产生的污染。科学技术的迅猛发展使机动车得到了普及，其既为人类带来了现代化的便利，也对大气质量造成了严重的破坏。尤其在人口密集的大型城市，机动车使用量的与日俱增使致害媒介数量不断增加，而高速道路等公共设施的修建与完善又使致害范围得到了进一步的扩展。① 面对日趋恶化的都市型大气污染，日本建立了大气污染医疗基金制度，旨在为大气污染的受害者提供及时而有效的救济。

---

① 冷罗生. 日本公害诉讼理论与案例评析［M］. 北京：商务印书馆，2005：233.

3.4.1 制度设立的背景

东京作为日本最大的机动车聚集地，空气污染程度极其严重，其中二氧化氮、SPM（浮游粒子状物质）造成的污染尤其严重。20 世纪 80 年代以后，大气污染的被害者数量激增。尽管人们已经认识到大气污染公害的原因在于机动车尾气的排放，但是机动车制造厂商仍只顾谋求眼前利益而在减排举措上极为消极，大量销售柴油机动车导致空气质量进一步恶化。尽管公害健康被害补偿制度对大气污染公害的救济进行了较为详尽的规定，但由于大气污染认定区域的全面解除，受害居民不再属于该制度的覆盖范围，只能通过侵权责任救济的方式维护自身权利。[1]

1. 大气污染认定区域的解除

以四日市公害判决中原告胜诉[2]为契机，三重县的环境治理得到了重视。三重县采取了多种措施治理污染，包括更新企业的除硫措施和实施各种政策限制等。日本开始在国家层面加快环境污染治理的制度建设并取得了一定的成效，总体环境得到了一定改善。基于此，1987 年，日本对《公害健康被害补偿法》进行了修改，规定在 1988 年 3 月后全面解除大气污染认定区域，许多哮喘患者自此无法再申请公害病的认定，此对东京大气污染受害者的影响是直接的：《公害健康被害补偿法》的修改使得东京大气污染的被害者很难再依据该法获取救济。

2. 东京大气污染公害诉讼

被公害健康被害补偿制度"抛弃"的东京居民选择了侵权诉讼的方式维护自身权利。东京大气污染公害诉讼案在日本大气污染公害诉讼进程中影响颇大，由于其发生地为日本首都东京，污染面积较大（涉及东京都的 23 个区、104 条公路），并且参加人数较多，因而受到了社会各界的关注。此外，该诉讼中多家机动车制造商成为被告，在日本尚属首次。

---

① 淡路剛久，寺西俊一. 公害環境法理論の新たな展開 [M]. 東京：日本評論社，1997：135.

② 1967 年四日市的公害病患者以 6 家企业为被告向三重县津地方裁判所提起诉讼。经过约 5 年的审理，原告胜诉，获得了 8800 万日元的损害赔偿。

（1）诉讼经过。

1996 年 5 月，机动车尾气污染的受害者及死者家属 102 人向东京地方裁判所提起了民事诉讼，要求日本政府、东京都自治政府、日本首都高速道路公司以及丰田、日产、日产狄赛尔、三菱、五十铃、日野、马自达共 7 家机动车制造商赔偿居民因健康受损而产生的各种损失，并立即停止向东京都 23 区排放机动车尾气。该诉讼也被称为第一次诉讼。在此后的 1997 年 6 月至 2006 年 2 月期间，原告对相同被告又提起了五次诉讼，人数总计 633 名。在第一次诉讼的审理阶段，原告、被告的争论焦点在于：第一，机动车排出的尾气与原告健康受损之间是否存在因果关系；第二，各被告是否承担侵权责任；第三，机动车数量的膨胀、公共道路的修建是否应受到限制。

2002 年 10 月，东京地方裁判所做出了判决。该判决以因果关系的认定为中心，对各被告的侵权责任进行了判断。尽管大气污染对健康的负面影响众所周知，但是由于疾病的产生机制、健康受到损害的作用机理极为复杂，因而因果关系的存在程度与范围仍具有极大的不明确性。法院在论证大气污染与原告疾病的因果关系时运用了高度盖然性理论、疫学因果关系理论，否定了机动车尾气与支气管哮喘等病的一般性关联，但对于 7 名居住或工作在大型干线道路两侧 50 米范围内的原告的呼吸疾病与汽车尾气排放之间的因果关系进行了肯定。东京地方裁判所进一步认为，日本政府、东京都政府与首都高速道路公司在尾气排放标准的制定或机动车流量的限制上未充分履行职责，故对 7 名原告的健康受损承担损害赔偿责任，共计 7920 万日元。另外，判决虽然根据《环境基本法》第 8 条第 3 项明确了机动车制造商负有最大限度减轻尾气排放的社会义务，即机动车制造商有义务生产、销售对环境负荷较小的机动车，尾气排放的数值应当限定在环境省规定的二氧化氮和浮游物质的排放标准内，但是由于减排技术的内容、实现时间与效果均是不确定的，机动车制造商的结果回避义务的内容便无法明确，故法院并未对制造厂商的法律责任进行承认。而对于原告限制机动车数量与公共道路修建的请求，裁判所认为在机动车尾气与呼吸疾病的因果关系尚不明确的情况下，无法得出限制机动车数量与修建公共道路的正当性结论。①

---

①　東京地判平 14. 10. 29 判時 1885 号 23 頁。

东京地方裁判所第一次诉讼的判决做出后，被告与99名原告表示不服，分别于2002年10月与11月向东京高等裁判所提起了上诉。在二审阶段，原、被告围绕柴油化、直喷化的问题展开了质证与辩论。大气污染的受害者主张，第二次石油危机、日元贬值导致的石油价格上涨致使机动车制造商大力推进机动车的柴油化与直喷化，大量机动车从燃烧汽油直接转变为燃烧柴油。在东京机动车排放的尾气中，67%的氮氧化物以及超过半数的浮游粒子状物质是由柴油车造成的，然而国家对此的规制过于松缓。同样的柴油车，采用副室式燃烧室能够燃烧更充分，可以降低尾气的排放，有利于防止公害；而直喷式燃烧室会大量排放出氮氧化物（NO_x）和悬浮颗粒物（SPM），但生产成本较低。① 在降低经济成本的考虑下，机动车制造商选择了生产使用直喷式燃烧室的柴油车，而政府对此未采取任何有力措施。

由于大气污染类案件中的因果关系、事实认定存在诸多争议，2006年9月28日，东京高等裁判所向原、被告提出了诉讼和解的建议。紧随其后，2007年8月8日，被告与六次诉讼的全部原告签署了和解协议，协议中最重要的一点在于创设医疗救济制度。同时，以丰田为首的机动车制造商承诺支付原告12亿日元，该数额相当于东京地方裁判所最初所做出判决的3倍。对于机动车造成的大气污染，机动车制造商的社会责任得到了明确。此外，和解协议还要求被告必须采取切实有效的环境对策抑制机动车尾气污染。此前日本政府一直拒绝对微小粒子状物质PM2.5的基准进行设定与规制，这次和解使环境基准的设定进入了探讨范围，对于日本政府测定PM2.5的举措施加了重要影响。而且为了今后机动车尾气污染治理工作的顺利开展，日本政府设立了"东京道路交通环境改善联络会"与"东京都医疗费补助制度联络会"。

（2）诉讼暴露的问题。

东京大气污染诉讼虽然在2007年落下帷幕，但是诉讼过程中暴露的问题并未得到彻底的解决，其中最为突出的即为因果关系的认定。因果关系的判断通常较为复杂，我国台湾学者曾世雄曾言："任何国家之法学领域中均不能避免因果关系之问题，却未见任何一成文法典对之做

① 杨凌雁，甘佳. 日本公害健康损害侵权诉讼之管窥——以东京大气污染诉讼案为例[J]. 江西理工大学学报，2013（6）.

成具体规范，在法学领域殊少见之。"① 在东京大气污染诉讼案中，一审法院基于"疫学因果关系"理论未认定一般生活环境中存在的大气污染与支气管哮喘等疾病的发作及恶化的因果关系，但在个别因果关系的成立上参考了千叶大学的调查报告。② 千叶大学对大气污染与呼吸疾患的关系进行了调查，考虑到成年人患病受吸烟等生活习惯、工作环境等原因的影响较大，相比之下小学生受到的干扰因素较小，调查对象仅限定在千叶县的小学生群体。千叶大学的调查显示，在千叶县的干线道路沿线 50 米内居住的儿童患支气管疾病的概率明显高于不在此范围内居住的城市及郊区的儿童。因此法院认为，赔偿范围应限定在与千叶大学的调查条件相符的受害者，即居住或工作在交通量大、大型车混入率高的道路沿线区域且呼吸疾患的产生原因只可能为机动车尾气的患者。故一审判决在否定二者一般性关联的同时，限定性地对某一范围内的因果关系进行了肯定。然而大气污染与呼吸疾患之间的因果关系的研究并未就此结束。日本环境省在 2005 ~ 2010 年以关东、中京、关西三大都市圈的主要干线道路为调查范围，分别对道路沿线的学童、幼儿、成人的呼吸疾病与机动车尾气污染之间的关系进行疫学研究，调查结果显示，学童的支气管发病与机动车尾气污染存在一定的联系，但关联性有多大，以目前的科学技术也是很难确定的，而且调查不能证明幼儿及成人的支气管发病与机动车尾气污染有关联。③ 可以说，到现在为止，二者之间的因果关系仍未明确。

另外，在公害类诉讼中，利益的衡量是各诉讼普遍遭遇的困境。从经济的视角出发，公害通常是产出利益的经济行为的副产品。尽管公害事件对人体健康以及生活环境造成了消极影响，但输出公害事件的经济行为，尤其是公用事业的建设，很大程度上是社会发展所必需的，能够带来税收的增长与就业岗位增加等效益；而从社会福利最大化的角度考虑，唯有当受害者增加的福利大于因抑制公害而减少的福利时，公害的控制才具有对社会的有益性。

在第二次石油危机、日元贬值致使石油价格上涨的背景下，日本机

---

① 曾世雄. 损害赔偿法原理 [M]. 北京：中国政法大学出版社，2001：95.

② 島正之. 自動車排出ガスによる大気汚染の健康影響 [J]. 千葉医学，2005（81）.

③ 杨凌雁，甘佳. 日本公害健康损害侵权诉讼之管窥——以东京大气污染诉讼案为例 [J]. 江西理工大学学报，2013（6）.

动车产业为了发展，制造商为了盈利，以成本较低的其他燃料取代汽油的做法并非难以理解。但是该事件的复杂之处在于，东京大气污染事件与熊本水俣病、新潟水俣病等事件不同，其并非由工厂随意排放工业废水导致，而是由机动车使用量与日俱增的产业发展潮流所催生，可以说该事件在某种程度上具有不可避免性。公民的生命健康权固然神圣而不可侵犯，但是基础产业的发展同样不容忽视，公共利益与受污染者的个人利益之间出现了矛盾。

本次事件中原告提出的限制机动车数量以及公路修建的请求并未得到法院承认。两者的关系应如何把握，在奉行法官自由心证的日本法治环境下变得更加扑朔迷离。日本学者加藤一郎认为，私权的行使应当尊重公共福利。加害行为如果具有公益性，那么受害人的容忍限度就应该提高，也就是说，受害人应该承受比一般加害行为更大的损害。但这并不意味着具有公益性就可以成为加害行为的免责事由。①

两者之所以难以衡量，其中很重要的原因在于公共利益具有一定的不确定性。"因为像公共利益这样的不确定法律概念都有着摇摆不定的波段宽度，在不定的宽度之中，尚不能确定指出，某特定案件是否的确落入其所属范围。"② 公共利益的不确定性首先表现为内容的不确定性。公共利益的内容随着国家社会的发展相应发生变化，不同时期国家的任务不同，公共利益的判断标准相应出现一定的倾斜。这种判断标准存在于具体的客观现实而非系于个人所设定，恣意的判断将贻害法秩序的稳定。其次，受益对象具有不确定性。该特征系基于对"公共"的解读，能否从量的范畴对公共加以界定，能否以地域为标准厘清公共利益与私人利益，都是值得思索的问题。基于此，法官在对公共利益与受害者的利益进行衡量时，缺乏一个放之四海而皆准的标准，没有一个对相关利益及法价值的位阶予以明确呈现的图表可供参照，只能在个案中不断对相关利益予以比较做出结论。

3.4.2 医疗基金的创设

东京大气污染诉讼最重要的成果之一即为日本政府、东京都政府、

① 张利春. 日本公害侵权中的"容忍限度论"述评——兼论对我国民法学研究的启示 [J]. 法商研究, 2010 (3).

② 卡尔·拉伦茨. 法学方法论 [M]. 陈爱娥译. 北京：商务印书馆, 2003：36.

首都高速道路公司以及七家机动车制造商共支付 200 亿日元，成立了医疗基金。在基金经济来源的构成中，国家占 1/3，东京都占 1/3，制造商与首都高速公司分别占 1/6。该制度以东京都范围内的全体哮喘患者为对象，对医疗费个人负担部分进行全额补助。具体而言，凡是在东京都连续居住 1 年以上且有住所的不吸烟的支气管哮喘病患者，无论其收入水平如何，其治疗疾病所需保险以外的个人负担部分均能够得到基金的全额补助，住院的饮食、生活费用不包括在内。

自《公害健康被害补偿法》解除了区域指定后，该制度在东京都哮喘患者的救济上发挥了重大作用，可以说是对大气污染指定区域制度复活的创新措施。东京都福祉保健局 2012 年 3 月提交的《东京都大气污染医疗费补助制度的运用情况及大气污染物与健康影响的调查研究报告》显示，2007 年东京大气污染诉讼结案至 2010 年末，已认定的大气污染受害者数量从 37814 名激增至 85575 名。[①] 另外，本制度强化了"污染者负担"的原则，明确了污染者在污染预防、控制和治理等方面上的责任，规定国家、东京都、首都高速道路公司、制造商作为污染原因者承担费用。在人类对环境的改造能力不断提升的环境危机时代，污染的制造者具有不可推卸的责任，无论是政府还是企业都应在不同价值的抉择过程中以公民的生命、健康价值为第一位阶，积极采取各种措施防止健康损害的发生以及扩大，在健康损害发生后为受害人提供及时充分的救济。

然而，该制度的问题点也是显著的：该制度仅以支气管哮喘患者为对象，而《公害健康被害补偿法》一直以来的救济对象——慢性支气管炎、肺气肿却被排除在外。另外哮喘治疗药所含类固醇引发的副作用，如糖尿病、高血压等在《公害健康被害补偿法》中虽为救济对象，但是却不属于本制度的救济对象。对此，日本律师联合会提议建立一种新制度，将高浓度污染持续的地区作为救济对象区域，给付内容也更加全面，并不限于医疗费用。具体而言，凡是在二氧化氮或悬浮颗粒状物质超过一定浓度的区域或者 12 小时内汽车流通量乃至大型车混入率达到一定规模的干线道路沿线区域连续居住、工作 1 年以上者，对于其罹

---

① 东京都福祉保健局. 东京都大気污染医疗費助成制度の運用状況及び大気污染物質と健康影響に関する調査研究報告 [EB/OL]. http://www.fukushihoken.metro.tokyo.jp/kankyo/kankyo_eisei/chosa/dxn_chemi/chosa/houkokusho/index.html.

患的慢性支气管炎、支气管哮喘、肺气肿的医疗费用，该制度均予补助。此外，该制度参照公害健康被害补偿制度，将给付内容扩展至残疾补偿费、遗属补偿费、儿童补偿津贴、疗养津贴、丧葬费等项目。遗憾的是，由于大气污染与健康损害的因果关系尚未完全明确，日本环境省对于该更为全面的救济举措并未给予积极回应。①

---

① 村松昭夫. 关于汽车排放尾气导致健康损害的新救济制度——日本律师联合会的建议[M]. 曲阳译//张梓太. 环境纠纷处理前沿问题研究——中日韩学者谈. 北京：清华大学出版社，2007：84 – 87.

第4章 日本医药品公害救济制度

在当今风险社会的背景下，患者按医药品说明书上标示的用途、用量服用符合国家标准的医药品，仍然可能无法治愈罹患的疾病，甚至存在感染其他疾病的危险。此即医药品副作用致害现象。根据世界卫生组织的规定，副作用（side effect）指药物在治疗剂量下使用所产生的与治疗无关的不适反应。① 医药品本身即是矛盾的综合体，一方面为人类生活所必需，对病痛具有治疗效果，另一方面又因药理作用的复杂性，在某些情况下不可避免地产生一些毒副作用，对人体健康造成损害。正是基于医药品有效性与安全性的辩证关系，医药品公害具有传统侵权类型所不具备的复杂性与棘手性。

4.1 医药品公害

医药品是一把"双刃剑"，其既有治疗、预防疾病的功效，同时也带来了危害人体生命、健康的风险。该风险内含在医药品从制造到流通的各个环节之中，一旦外在化，对人类即是一场莫大的灾害。在设计过程中，药品的配方不合理可能导致药品含有对人体的有害成分，安全用药剂量、有效期限规定的不科学易引发药效的缺陷；在制造过程中，药品的成分错误可能导致其产生毒副作用，包装不良可能导致药品被污染进而品质恶化；在流通过程中，指示、警告信息的不完全、不科学也可能使医药品成为危害人类生命、健康的"元凶"。更有甚者，即便医药品按照国家标准进行设计、制造，抑或在流通环节确保其远离"危险

---

① 加藤周一. 世界大百科事典［M］. 東京：平凡社，2007：464.

源"，医药品公害事件仍无法杜绝。原因在于医药品致害很多情况下可能出于其自身的副作用，医药品服用者不仅无法从其治疗功能中受惠，反而在复杂的药理作用之下承受"二次被害"。在科学技术尚未达到应有的高度之前，人类对于医药品的副作用致害束手无策。

日本一直饱受医药品公害之苦。20 世纪 50～70 年代，日本相继发生了多起严重的药害事故，其中以服用肠胃药奎诺仿引发的斯蒙病（SMON，又名亚急性脊髓视神经症）事件最具知名度。斯蒙病的患者一般在腹痛后会下肢麻痹，渐渐无法行走与站立，并常伴随有视力功能与语言功能的萎缩，承受着肉体与精神的双重折磨。该事件在 1955 年前后发端，至 1969 年患者的数量到达了顶峰。① 进入 21 世纪后，日本的医药品公害依旧层出不穷，易瑞沙药害、SSRI 药害等事件频频发生，严重侵害了医药品服用者的生命权、健康权，成为无数人挥之不去的梦魇。

作为广义概念的公害，医药品公害事件具有公害类型的共通特征，即对象为不特定的多数人、损害范围广泛且后果严重、致害机制中的因果关系复杂进而导致救济的异常艰难。然而，医药品公害事件与其他公害类型又稍有不同：医药品作为一种为人类治疗疾病、解除病痛的生活必需品，确保安全性乃是必然；但由于其本质仍是化学合成物质，某些医药品的药理作用在既有的科学技术水平下尚不能被完全探明，故副作用在一定程度上不可避免。因而在医药品公害事件中，企业致害责任的判断不仅应着眼于医药品的危险性，还应考虑其有效性，即医药品的使用是否为挽救生命所必须、是否存在其他可替代药物等，在对危险性与有效性综合衡量的基础上做出判断。

4.2　侵权责任救济

在针对性的制度出台之前，医药品副作用患者只能依据传统的侵权责任救济方式请求损害赔偿。在 1995 年《制造物责任法》施行前，追究制药企业的医药品副作用致害责任仍以过错责任为依据。医药品不同

① 森島昭夫. 北陸スモン判決の問題点 [J]. ジュリスト，1978（663）.

于一般产品，其特殊性在于兼具有效性与致害性，副作用在一定程度上不可避免，加之审理该案件的法官需具备一定的医学与药学知识，因而在医药品副作用致害诉讼中对侵权行为构成要件——因果关系与过错的认定变得异常复杂与艰难。无过错责任施行后，过错的证明得到了缓和，但是取而代之的"缺陷"的证明仍使医药品副作用患者救济不力的困境未得到根本改善。

4.2.1　基于过错责任对医药品副作用致害的救济

1971 年斯蒙病患者以国家以及肠胃药奎诺仿的制造企业为被告向东京地方裁判所提起诉讼，要求赔偿 1566 亿日元。随后全国 8 个法院都受理了斯蒙病诉讼案件，原告共计 6476 名。① 东京地方裁判所历时 6 年以诉讼和解结案，金泽地方裁判所历时 4 年 10 个月最先做出判决，由被告支付原告损害赔偿费 53 亿日元。其他法院在斯蒙病案件审理上亦久拖不决，最终大部分以诉讼和解结案。

1. 因果关系的认定

当今医学界普遍认为肠胃药奎诺仿与斯蒙病之间存在因果关系，然而在 20 世纪斯蒙病发现初期，对于致病原因却未达成统一的认识，存在病毒感染说、肠内细菌毒素说、脊髓血管障碍说、过敏说以及代谢障碍说、维他命障碍说等。为此，1970 年厚生劳动省召集药事食品卫生审议会对斯蒙病致病原因进行调查，发现约 80% 的斯蒙病患者在神经症状出现的前 6 个月内服用了肠胃药奎诺仿，因此认定二者之间存在因果关系。② 然而该结论受到了病毒感染说等诸多学说的冲击。首先，其无法说明约 20% 的斯蒙病患者未服用肠胃药奎诺仿仍有病症出现的原因；其次，其亦无法解释在采取停止销售肠胃药奎诺仿的措施前斯蒙病患者已大量减少以及采取该措施后仍有斯蒙病患者陆续产生的现象。由于药物反应的复杂性以及个人体质的特异性，因果关系的认定极为困难，消耗了大量的时间成本。

在该事件中，因果关系的认定分为两个阶段：一般的因果关系的认

① 小長谷正明. スモン——薬害の原点 [J]. 国立医療学会誌, 2009 (63).
② 森島昭夫. 北陸スモン訴訟判決とその問題点 [J]. 判例時報, 1978 (879).

定与个别的因果关系的认定。一般的因果关系着眼于医药品与疾病之间的因果关系，即医药品导致了某种疾病的产生，根据一般性的法则，可认定二者之间存在因果关系。具体而言，因果关系的认定分为以下几个阶段：其一，该致害因子在健康权被侵害前已存在；其二，二者间存在高度关联性；其三，该关联性与医学理论并不矛盾；其四，用量与反应存在关联，即患者与致病因子接触越多，病发率越高，病情越重。如东京地方裁判所在判决中运用疫学因果关系理论认定了肠胃药奎诺仿与斯蒙病之间的因果关系。个别的因果关系是在一般的因果关系得以认定的基础上，通过将致害原因特定化，判断个人的身体损害症状与医药品之间是否存在因果关系。① 也即在证明服用某医药品通常会产生一定的症状后，若患者服用该医药品并且出现同种症状也得以证明，即可推定该症状与医药品间存在因果关系。② 此为事实上的推定。福冈地方裁判所更近一步，认为只要原告能够证明其身体出现了医药品引发的同种症状即可从事实上推定其服用了该医药品。因而在肠胃药奎诺仿导致斯蒙病的事实得以认定后，服用该肠胃药的事实只是起到了补强的作用，无法提供服药证明的原告的诉讼请求亦予承认。最终除金泽地方裁判所未否定病毒感染与斯蒙病的因果关系外，其他地方裁判所都肯定了肠胃药奎诺仿与斯蒙病的因果关系，并且认定其是唯一的致病因子。

2. 过错的认定

在裁判当时，规定无过错责任的特别法的适用范围尚未及于医药品致害领域，故而认定制药企业的侵权责任仍需证明过错的存在。然而福冈斯蒙病判决作为个例，突破了当时侵权责任的过错认定规则，采取了之后颁布的《制造物责任法》对侵权责任的认定方式，即只要医药品存在缺陷，无需证明过错即可认定侵权责任。该判决认为，医药品除对疾病的治疗以及预防有效外，还必须保证对服用者的身体具有安全性。在有效性与安全性存在矛盾时，要在比较衡量之后进行价值判断。尽管不能在服用者出现副作用时即认定医药品存在缺陷，但在医药品的有效性明显低于安全性导致服用者因医药品的副作用使其生命权、健康权受到侵害时，除非制药企业证明即便其尽到高度注意义务仍不能预见该损

---

① 藤木英雄，木田盈四郎. 薬品公害と裁判 [M]. 東京：東京大学出版会，1974：8.
② 川井健. 医薬品の製造者責任 [J]. ジュリスト，1973（574）.

害后果，否则即在事实上推定制药企业存在过错。① 然而当时其他法院并没有逾越已有的法律框架，认为过错的证明对于侵权责任的认定仍不可或缺。如东京地方裁判所认为，侵权责任构成要件中的过错，归根到底是对结果回避义务的违反，但须以正当的结果回避措施能够被期待为前提，即具有预见可能性。

（1）预见义务。

东京斯蒙病判决认为，制药企业在制造医药品时有必要认识到该医药品对服用者生命健康施加的影响，该预见义务具体包括：第一，在医药品属新研发的情况下，以销售之前最高技术水平为标准，进行了试管实验、动物实验、临床实验；第二，销售开始后，在供给人以及动物临床使用的情况下，应时常收集医学、药学以及其他关联学科领域的信息以及文献。若对该医药品是否存在副作用具有疑惑，应在比较衡量当时已有的关于该药物临床安全性的报告后，对此进行动物实验，开展该医药品的病例调查以及追踪调查，尽早确认该医药品副作用的有无以及程度。②

课以预见义务的依据在于：在医药品致害这种新型诉讼中尽管借助既存的科学、技术知识不能预见危险性的情况并不少见，但通过事先的调查研究预见危险的情况也是存在的，应当对预见可能性加以肯定。③ 此外，鉴于医药品本身由合成化学物质组成，其用于疾病治疗时伴随而生的危险性常不可避免，④ 因而更有必要对制药企业课以高度的注意义务，使其能够在医药品研发时对医药品的安全性进行充分的研究调查。⑤

（2）结果回避义务。

东京斯蒙病判决认为，制药企业在对医药品副作用具有预见可能性的基础上负有损害结果的回避义务。其依据在于：所谓过失，是对社会生活中因不注意而引发的不被法律所允许的行为的非难。⑥ 制药企业在履行预见义务的基础上确认该医药品存在副作用或者有足够理由相信其

89

---

① 中井美雄，田井義信．民事責任の規範構造［M］．京都：世界思想社，2001：104.
② 前田陽一．不法行為法［M］．東京：弘文堂，2010：16–17.
③ 森島昭夫．スモン訴訟判決の総合的検討（3）［J］．ジュリスト，1980（715）.
④ 植木哲．製薬業者らの責任［J］．判例時報，1978（879）.
⑤ 森島昭夫．薬禍と民事責任（1）［J］．法律時報，1973（45）.
⑥ 潮見佳男．債権各論Ⅱ［M］．東京：新世社，2016：28.

存在副作用之时，有义务采取法律所期待的结果回避措施，避免患者生命权、健康权受到侵害。具体而言，其内容包括公布副作用的存在或可能性，对医生或医药品使用者予以副作用的指示及警告，暂时停止销售或者进行全面的回收。当然该措施有无必要采取应在履行预见义务的基础上对于该副作用的严重性、发生频率、治愈的可能性以及该医药品的治疗价值，即是否对于疾病的治疗具有显著的有效性、不可替代性进行综合考量后决定。

有鉴于此，在国家批准生产、销售的医药品导致服用者生命权、健康权受到侵害的案件中，认定其内在的因果关系与过错需要花费高额的诉讼成本。然而对于医药品致害的救济却极为紧迫，因该损害结果并非一个静止的结点，若不及时采取措施，可能使被侵权者衍生出更加严重的生理问题和心理问题。加之医药品致害事件的受害人群往往呈现大规模的特点，救济不适当易使该致害事件发酵为社会事件。就斯蒙病的诉讼进程来看，以过错责任为依据的诉讼救济显然未对医药品致害事件做出及时有力的回应。也正因如此，随着公害事件的愈加频繁，以无过错责任为依据的诉讼救济进入大众视野。

4.2.2　基于无过错责任对医药品副作用致害的救济

在产品责任案件中，传统侵权行为法要求只有证明产品制造者存在过错才能追究其侵权责任，然而过错的难以证明使被侵权人无法获得及时有效的救济。此外，随着科技发展的"副产品"——产品风险的进一步提升，产品制造者在产品安全性方面亦被课以更加严格的注意义务，故在产品责任领域以无过错责任原则取代过错责任原则成为必然。在此背景下，以无过错责任为原则的《制造物责任法》自 1995 年起开始施行。然而该法虽然不要求侵权责任的成立以产品制造者存在过错为前提，却对产品缺陷的证明做了特别要求。其第 2 条第 2 项将"缺陷"规定为"鉴于该产品的特性、通常预见的使用形态、制造者在交付该产品时的其他事项等，该产品欠缺通常应当具有的安全性"。该"缺陷"一般可分为以下三类：设计上的缺陷、制造上的缺陷，以及指示、警告上的缺陷。该法颁布后，虽然对之前救济不力的困境有所缓解，然而救济效果却未能大幅度改善，兹举一例予以说明：2002 年 7 月，阿斯利康（AstraZeneca）公司在获得厚生劳动大臣的医药品输入许可后开始销售抗癌药易瑞沙，许多患者服用该药后引发间质性肺炎并最终死亡。患者家属以《制造物责任法》第 3 条为依据向东京地方裁判所提起损害赔偿诉讼，认为医药品易瑞沙的说明书中关于副作用的说明不适当，该医药品在指示、警告方面具有缺陷，制药公司因怠于履行该适当说明的义务而负有侵权责任。一审对患者的损害赔偿请求进行了承认，二审推翻了一审判决，否定了制药公司的损害赔偿责任。最高裁判所对二审判决加以肯定，最终认定药品不存在缺陷，故制药公司不承担损害赔偿责任。在判决更迭的过程中，因果关系与过错是讨论的焦点。

1. 因果关系的判断

从易瑞沙投入市场前 133 例日本国内临床试验结果来看，患者服用易瑞沙后虽然症状不一，但是间质性肺炎并没有显示出急性病发的倾向。然而在易瑞沙投入市场后 4 周内即大量涌现出迅速发病的患者，并显示出了致死的倾向。从国外 2000 多例临床试验的结果来看，引发间质性肺炎的有 5 例，其中死亡 4 例，然而该 4 例均是因与灭细胞性抗癌剂配合使用后癌细胞本身恶化导致，易瑞沙与该死亡结果的因果关系尚不明确。另外，从易瑞沙引发肺病的比例看，虽然美国只有 0.3% 的病发率，并且在亚洲地区的中国台湾、韩国病发率也非常低，但是日本却呈现出极高的病发率。原因极有可能在于日本人对该药具有独特的药物反应。易瑞沙引发间质性肺炎的原理，现在仍然没有明确。① 因而在因果关系的认定上，法院之间出现了矛盾，东京地方裁判所认为不能否定死伤的结果与易瑞沙的副作用之间存在因果关系，而东京高等裁判所认为"不能否定"的程度无法成为民事赔偿性法律中因果关系成立的标准。②

2. 无过错责任的适用

《制造物责任法》尽管将过错概念客观化、抽象化，以无过错责任作为侵权责任成立的原则，然而该无过错责任贯彻得并不彻底，被侵权人仍需证明"缺陷"的存在。"缺陷"的认定以"欠缺通常应当具有的

---

① 伊藤正晴. 最高裁判所判例解説［J］. 法曹時報，2015（67）.
② 吉村良一. 市民法と不法行為法の理論［M］. 東京：日本評論社，2016：418

安全性"为标准，但是该标准具有高度概括性，在具体判断时仍需要对该产品的特性、通常预见的使用形态、制造者在交付该产品时的其他事项加以考虑。其中在"缺陷"的认定，尤其是指示、警告的缺陷上，判决之间出现了较大的分歧。

大阪地方裁判所在一审判决中指出，若医药品在销售时说明书中不具有准确的使用方法或者危险性相关信息，则该医药品欠缺了通常应当具备的安全性，构成了《制造物责任法》所谓之缺陷。具体而言，在判断指示、警告的信息是否具有适当性时，应以使用该医药品的普通医生的平均理解程度为标准。然而易瑞沙在投入市场时，由于制药公司强调其为不具有严重副作用的抗癌药物，故一般医生在开具易瑞沙时很少会考虑其引发间质性肺炎的风险，易瑞沙存在明显的指示、警告缺陷。东京地方裁判所亦持基本相同的立场，认为考虑到医药品的有效性，在判断医药品是否具有指示、警告上的缺陷时，应对该医药品的功效、可能产生副作用的内容以及程度、有无其他可替代药品、该医药品在投入市场时医学及药学知识水平等进行综合考虑。在此基础上，药品说明书第 1 版关于间质性肺炎副作用的记载是不充分的，符合《制造物责任法》第 2 条第 2 项中的"欠缺通常具有的安全性"的规定。

然而，与大阪地方裁判所、东京地方裁判所不同，东京高等裁判所主张：因使用易瑞沙的医生为治疗癌症的专门医生，而间质性肺炎是抗癌药物使用后通常产生的副作用，故而医生对于使用易瑞沙可能导致死亡的情况是明知的，没有必要进行特别的指示、警告。此外，易瑞沙的使用与副作用致死伤的因果关系仅为"不能否定"，副作用并非必然发生，因而制药公司对于副作用并不具有相当的预见可能性，即便说明书中未充分载有指示、警告内容，亦不能认定药品存在缺陷。大阪高等裁判所在判决中亦显示出了相同的倾向。然而该判决的问题点是突出的，其将侵权责任的因果关系要件和预见可能性与指示、警告义务之间的因果关系进行了混同。在副作用严重到可能导致死亡的场合，若认为副作用的发生只有具有确实性或者高度盖然性时才有必要进行指示、警告，无疑是对危险的放任。对副作用的内容予以抽象化、对预见幅度予以宽缓化是公正的应有之义。

尤其在预见可能性与指示、警告的义务之间的关系上，判决出现了重大混淆。在日本有关产品责任的判例中，可以看出即便制造商对危险的预见是抽象的，其亦被课以高度的调查研究义务，该义务未被履行时即认定其存在过错。《制造物责任法》对预见义务进行了进一步强化，采用了无过错责任。的确，指示、警告义务建立在对危险具有预见可能性的基础之上，然而过度强调对于具体危险的预见可能性，与奉行无过错责任的《制造物责任法》的趣旨不一致，甚至有倒退至过错论之嫌。指示、警告义务有无的判断与侵权责任成立要件范畴内对预见可能性有无的判断在判断构造上是一致的，但是判断基准存在很大不同。《制造物责任法》既实行无过错责任，在侵权责任成立上预见可能性自然被提升到了极高的水准，而指示、警告义务上的预见可能性应以该药品被予承认时最高的科学、技术水平为基准，要求程度较无过错责任低，较过错责任则高。然而，最高裁判所的判决亦未对此有所认识。

由此而论，以《制造物责任法》为依据对医药品副作用致害的救济，仍然碍于因果关系以及缺陷有无的证明而效果有限。民事诉讼在医药品副作用致害事件中救济功能的弱化与侵害后果的大规模性、严重性之间的矛盾，呼唤着更加有效的救济模式的建立，由社会分担风险的救济思路因此被提出。正如大谷刚彦、大桥正春等法官所言，尽管不可能苛求制药公司在医药品投入市场前将投入使用后可能引发的病症予以说明，但是考虑到新医药品的使用需求以及安全性要求，不应仅使患者承担医药品投入使用后的风险，而应着眼于患者的保护与救济，使该风险扩大至社会承担。① 基于此，医药品副作用致害救济基金制度应运而生。

4.3　日本医药品副作用致害救济基金制度

日本现行医药品副作用致害救济机构为 2004 年依据《医药品和医疗器械综合管理法》建立的医药品和医疗器械综合管理机构（Pharmaceutical and Medical Devices Agency，PMDA），是厚生劳动省管辖的独立行政法人。其前身医药品副作用致害救济、研究振兴调查机构于 1979

---

① 伊藤正晴. 最高裁判所判例解说［J］. 法曹时报，2015（67）.

年设立，翌年 5 月起开展医药品副作用致害救济业务。随着《医药品和医疗器械综合管理法》的施行，2014 年 11 月 25 日后医药品副作用致害救济制度的给付对象扩大至再生医疗等制品。① 对于正当服用在医院、诊所开具或者在药店购买的医药品、再生医疗等制品后因其副作用而产生需住院治疗的重大疾病或者严重残疾的患者，医药品副作用致害救济基金制度给予其救济给付。②

4.3.1 基金的给付种类

救济给付的种类为以下七种：医疗费、医疗补助、残疾年金、残疾儿童养育年金、遗属年金、遗属一时金、丧葬费。医疗费、医疗补助以及丧葬费具有实际补偿的色彩，其中医疗补助和丧葬费又与医疗费稍有不同，其并非严格意义上的实际补偿，而是一种定型化给付。残疾年金、残疾儿童养育年金、遗属年金、遗属一时金则具有生活补偿、精神宽慰的色彩。

1. 医疗费、医疗补助

基金主要通过给付医疗费与医疗补助的形式实现对医药品副作用患者的救济。在日本现行的国民强制保险制度下，基金对医药品副作用患者自身负担的医疗费用给予实际补偿，即对于该医疗费用，先由国民保险补偿，对于不能被保险覆盖的部分再由基金实际补偿。此外，基金对医疗费与医疗补助的适用对象设置了一定的标准：医药品副作用产生的疾病须达到住院接受治疗的严重程度。基金对于治疗过程中医疗费以外的费用，如交通费、住院产生的各种杂费等亦予以补偿。

---

① 根据日本《医药品和医疗器械综合管理法》第 2 条第 9 项规定，再生医疗等制品是指为再建、修复、形成身体的构造或者机能，对人或者动物的细胞培养加工而形成的制品；或者为治疗疾病而将人或者动物的细胞导入其中使其含有某种基因的物质。

② 基金制度对于如下情形不予救济：医药品非在正当目的、方法下使用；医药品副作用所致疾病未达到需住院治疗的严重程度；因服用抗癌剂、免疫抑制剂等医药品产生副作用；医药品制造、销售者损害赔偿责任明确；为挽救生命服用者不得不使用超过正常剂量的医药品，并且其在服用前对于该副作用已有认识；法定预防接种（预防接种健康被害救济制度的适用对象），但是任意预防接种例外；患者已过请求时效；厚生劳动省药事、食品卫生审议会不予认定的其他情况。

2. 残疾年金、残疾儿童养育年金

基金对于因医药品副作用致残（达到残疾一级、二级）的成人与儿童给予不同的给付。对因医药品副作用致残的 18 周岁以上的患者给予其本人生活补偿；而对 18 周岁以下的儿童，则对其抚养者给予生活补偿，待其满 18 周岁后再对本人进行生活补偿。对于抚养者的认定，在社会通常观念下进行综合考量，如其是否对残疾儿童进行监护、是否长期维持残疾儿童的生活等。

3. 遗属年金、遗属一时金

基金对于因医药品副作用死亡者家属的给付，以死者是否是一家生计的维持者而予以区分。若死者为一家生计的维持者，对其家属的补偿以能够继续维持其基本生活为准。若否，对其家属的救济则仅具有宽慰的色彩，为生活最低保障数额。遗属的范围限定于配偶、子女、父母、祖父母、外祖父母、孙子女、外孙子女、兄弟姐妹。

4. 丧葬费

基金对于因医药品副作用致死者的丧葬费用予以补偿。丧葬费的给付对象为具体实行者，并不限于其家属。两人以上实行时，对主要实行者予以给付。

4.3.2　基金的资金来源

医药品副作用致害救济基金的来源由两部分构成：PMDA 运作医药品副作用致害救济制度事务费的 50%，由国家进行补助；另一部分由制药公司缴纳。根据《医药品和医疗器械综合管理法》，每年 4 月 1 日前生产、销售医药品获得国家许可的制药公司于同年 7 月 31 日前向 PMDA 进行申报与缴纳。制药公司的缴纳金分为两种：一种是制药公司每年依据上一年度的医药品生产量向基金申报缴纳的费用，即一般缴纳金；另一种是上一年度生产、销售的医药品导致基金救济的制药公司在一般缴纳金的基础上附加缴纳的费用，即附加缴纳金。

4.3.3　基金的运行程序

《药事法》许可制造以及销售的医药品基于正当目的被正当使用后仍可能引起副作用致害，损害赔偿责任者的确定是极为困难的。医药品副作用致害救济基金即对于该副作用患者予以救济给付，此为该基金的首要业务。

在医药品副作用致害发生后，由患者本人或者死者家属向 PMDA 提出给付申请。除残疾年金、残疾儿童养育年金外，患者向基金提出申请均有时间限制，并且救济给付的种类不同期限规定亦不同。医疗费的请求期间是医疗费支付后的五年内，医疗补助的请求期间则是医疗行为所属月份的次月首日起五年之内。遗属年金、遗属一时金、丧葬费的请求期间为从患者死亡时起五年之内，但是若对死者生前有过支付医疗费、医疗补助、残疾年金、残疾儿童养育金的决定，则请求期间缩短为两年。此外，患者在提出救济给付请求时，需要证明病状以及发病经过与医药品的使用存在因果关系，为此有必要向 PMDA 提供请求书、医生诊断书、开具处方证明书，若是在药店购买的医药品则要提供购买证明。在请求医疗费与医疗补助的情况下，也要提供证明治疗医药品副作用所致疾病费用的诊断证明书。①

PMDA 对请求内容的事实关系进行调查、整理（调查事实、制作症状发展概要表以及制作调查报告书），向厚生劳动大臣申请判定。厚生劳动大臣所辖部门——药事食品卫生审议会对患者的救济申请进行实质审查，即从医学、药学方面判定损害是否由医药品的副作用引起（损害与医药品的因果关系）、医药品是否在正当目的下被正当使用（目的外使用、医疗过失的有无）、残疾等级、对患者医药品的使用是否为挽救其生命所必须等。厚生劳动大臣在听取药事食品卫生审议会的意见后做出是否给予患者救济的决定，PMDA 即将此决定通知请求给付的申请者。对于决定不服者，可向厚生劳动大臣申诉。申诉期间从决定的次日起算，自 2016 年 4 月 1 日起从两个月延长至三个月。

---

①　長由美子. 医薬品副作用被害救済制度について［J］. PHARM STAGE, 2016（12）.

4.3.4　基金的救济效果

近年来 PMDA 处理的医药品副作用致害案件日趋增加，根据日本 PMDA 机构的官方网站①提供的信息，2013～2017 年 PMDA 处理结果如图 4-1 所示。

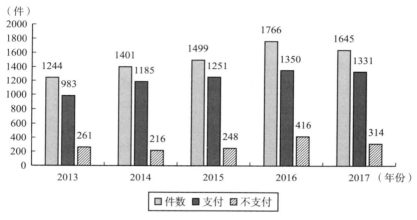

图 4-1　2013～2017 年 PMDA 处理结果

2013～2017 年 PMDA 共处理医药品副作用致害案件 7555 件，在副作用的救济上扮演了重要角色。案件数呈现出了逐年上升的趋势，其中决定支付的案件约占 81%，决定不支付的案件约占 19%，救济比例较大。对于不支付的原因，以 2017 年决定不支付的 314 个案件为样本进行统计，结果如图 4-2 所示。

从图 4-2 可以看出，在不支付的案件中，无法判定病症是否由药物的副作用导致的案件比例最大，占 35%。可见医药品副作用致害救济基金制度在因果关系的证明度上虽不及民事诉讼严格，但是基于药物副作用致病机理本身的复杂性，很多情况下仍无法判明人身损害是否由

---

①　医薬品医療機器総合機構. 健康被害救済業務 [EB/OL]. http：//www. pmda. go. jp/relief - services/adr - sufferers/0013. html.

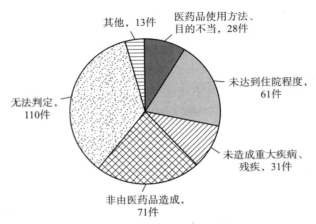

其他，13件　医药品使用方法、目的不当，28件

未达到住院程度，61件

无法判定，110件

未造成重大疾病、残疾，31件

非由医药品造成，71件

图 4 - 2　2017 年 PMDA 不支付理由构成

药物副作用导致。在这种情况下，患者仍处于救济不能的困境。此外，无法判定的决定与患者提供资料的不完备也有极大关系。在申请救济时患者不仅需要提供用药证明、病历、诊断书，还需要提供记载该药各种副作用的资料，对于患者而言并不轻松。可以说，医药品副作用致害救济基金虽在总体上为医药品副作用患者提供了迅速有效的救济，但其仍有不可回避的瑕疵。比如，对于制药公司而言，其虽需要额外缴纳一部分费用，但基于该附加缴纳金受到很大限定，故而无论对于贯彻损害结果由行为者负责的原则还是药害事件的抑制，效果都不甚理想。① 并且因医疗行为中一般都有医药品的介入，故医生可通过基金将不当的医疗行为"调包"成医药品副作用以逃避追责。此外，在是否给予救济给付的认定环节上基金亦遭到了诟病。《日本医药品副作用致害救济基金法》规定，担任认定工作的人员从中央药事审议会中产生并须得到厚生劳动大臣的承认。然而药品食品卫生审议会是对医药品的批准生产予以审查的机构，由其再行认定损害是否由自身已批准生产的医药品的副作用所导致，无异于既参与了游戏又进行了最终的裁判，认定的公正性很难保证。② 因而，平泽正夫一针见血地指出，医药品副作用致害救济基

① 石桥一晃. 医薬品副作用被害救济基金法の成立と問題点 [J]. 法律時報，1979 (51).

② 平沢正夫. 薬害救済基金の虚と実——人道法案，实は加害者救済法案 [J]. エコノミスト，1979 (57).

金不是副作用患者的"保护伞",而是制药公司和医生的"护身符"。

尽管如此,在传统救济方式几近"失效"的僵局下,医药品副作用致害救济基金以社会分担风险的方式,使被侵权者在制药企业的侵权责任即便未予认定的情况下亦能够得到救济,此无疑具有显著的进步性。首先,从因果关系证明来看,患者只需初步证明药品与致害间存在因果关系即可,因果关系的实质审查则交由药品食品卫生审议会进行,相较于民事诉讼而言证明负担大大减轻,救济也将更加高效。其次,从救济效果层面来看,尽管医药品副作用致害救济基金无法对精神损害予以填补,但对于医药品副作用致害原因的认定,相对于制药公司的人为过错,患者在精神上显然更愿意接受副作用是由不可避免的固有风险所致,救济思路从过错方赔偿至即便无过错仍予补偿的转变,对于患者具有一定的精神慰藉作用。① 而且尽管医药品副作用致害救济基金的救济水平有限,比如残疾年金的支付因以平均工资为基准并参考物价水平而无法达至较高数额,但是在不对民事责任认定的前提下该基金的救济水准已然达到较高水平。② 最后,从长远利益来看,该基金对于今后医药品副作用致害事故的发生具有抑制机能。根据《医药品副作用被害救济、研究振兴调查机构法》第 30 条,在医药品副作用致病、致残、致死的责任者明确的情况下,基金将不再予以救济给付,患者享有对该责任者的损害赔偿请求权。另外,在制药企业所生产的医药品产生副作用致害时,其还须在一般缴纳金的基础上附加缴纳一部分费用,尽管该部分费用有限,但对于事故的预防仍具有一定的积极意义。

---

① 山口斉昭. 医薬品副作用被害救済制度が医療事故補償制度の構想に与える示唆について [J]. 日本法学, 2015 (80).

② スモン損害賠償研究会. スモンと損害賠償 [M]. 東京:勁草書房, 1986:229.

第 5 章　日本石棉公害救济制度

　　石棉是熔岩在冷却凝固时形成的具有细长外形的天然矿物纤维，因具备高度耐火性、电绝缘性和绝热性等特质，在工业领域常被作为防火、绝缘和保温材料广泛使用。石棉本身并无毒害，其危害在于细小的粉尘，该粉尘被吸入人体后会附着并沉积在肺部，造成肺部疾病，最终致人死亡。医学研究证实，在工作区域、劳动场所或者日常生活中吸入大量石棉粉尘后，人体极有可能罹患间皮瘤、肺癌等疾病。肺癌的治愈性已不必赘述，对于间皮瘤，目前亦尚不存在根本的治愈方法。间皮瘤病症潜伏时间长达 30～40 年，病发致死却仅在 2～3 年之内，因此石棉也被称为"一颗静置的定时炸弹"。

5.1　石　棉　公　害

　　日本石棉公害进入公众视野源于"Kubota 震惊事件"。位于日本兵库县尼崎市的农机具制造商 Kubota 工厂，因在制造自来水管的过程中使用石棉以增加管道强度而造成该工厂周边的空气中含有大量的石棉粉尘。2005 年，工厂附近居民因吸入该石棉粉尘罹患间皮瘤并最终死亡的事件被媒体曝光，石棉公害事件"浮出水面"。此后，石棉公害问题在日本全国各地逐渐明朗起来。① 石棉公害并非进入 21 世纪才发生，国际上对于石棉公害的认识在 20 世纪初期即已存在，日本在 20 世纪后期也相继出现石棉公害诉讼。但是在 2005 年前，日本社会对石棉公害的关注较少，经由媒体曝光后石棉公害的严重性才被真正认识。石棉公害具有其他公害类型未曾有过的复杂性，即在石棉原料的采掘、制造、流通、消费、废弃

---

① 長尾俊彦. 国家と石綿［M］. 東京：現代書館，2016：5.

（解体、中间处理、最终处理）的过程中会相继产生劳动灾害、大气污染公害、产品公害、废弃物公害等问题。① 此外，石棉公害的致害机制与其他公害亦有所不同。以水俣病为例，只要原因物质——水银的排出得到控制，损害的扩大即可停止，因而这类公害也被称为流出型公害。但是在石棉公害中，因石棉已大规模蓄积于既有建筑物、车辆等之中，即使停止石棉制品的制造，损害仍会继续扩大，宫本宪一教授称此为储存型公害。随着石棉公害的进一步增加，村山武彦教授预测 40 年后间皮瘤患者会达到 10 万人，宫本教授等人指出这可能是史上最大的社会灾害。②

　　石棉问题不仅是日本的问题，而且是世界的问题。石棉的致癌性已在国际范围内得到承认，1986 年国际劳工组织通过了《石棉条约》，其中规定了禁止使用青石棉（石棉的一种）、禁止在建筑物中喷涂含有石棉纤维的耐火材料、尽可能地用其他物质代替石棉的使用、去除建筑物内石棉材料的作业须由有资质的业者进行等事项。然而，由于石棉具有极其优越的性能并且造价低廉，各国对于石棉的使用仍有极强的依赖性，规制力度显然不够。日本于 2005 年 "Kubota 震惊事件" 发生后的 8 月 11 日才批准加入该条约，是亚洲唯一的缔约国，世界范围内的缔约国也只有 28 个。亚洲多数国家不仅未对石棉的使用进行规制，而且近年来石棉的使用量在急剧增加。③ 其中中国的石棉规制形势尤为严峻：中国石棉的产量居世界第二位，近年来虽对建筑材料领域石棉的利用进行了限制，但仍有大量的石棉产品在市场上流通。④ 面对现存以及将来可能产生的石棉公害问题，如何进行救济成为重要且紧迫的课题。

5.2　侵权责任救济

　　石棉公害的受害群体主要有两类：第一类是在石棉关联行业工作的

　　① 宫本宪一，川口清史，小幡範雄. アスベスト問題——何が問われ、どう解決するのか［M］. 東京：岩波書店，2006：7.
　　② 長尾俊彦. 国家と石綿［M］. 東京：現代書館，2016：354.
　　③ 宫本宪一，川口清史，小幡範雄. アスベスト問題——何が問われ、どう解決するのか［M］. 東京：岩波書店，2006：63.
　　④ 张梓太. 环境纠纷处理前沿问题研究——中日韩学者谈［M］. 北京：清华大学出版社，2007：25.

劳动者，其长时间曝露在石棉环境中，吸入石棉粉尘的概率远远高于一般人，罹患间皮瘤、肺癌的可能性极大；第二类是因长期接触前一类群体而被迫感染石棉公害相关疾病的家庭成员以及在产生石棉粉尘的工厂附近居住的群体。这两类群体均可以企业的违法行为致使其人身权受到重大侵害为由追究企业的侵权责任。然而侵权责任救济方式虽对于石棉公害的被害者具有普适性，但从救济实践来看，其对被害群体的损害填补极为有限。石棉诉讼经历了很长的周期，从20世纪80年代起即有石棉诉讼，但是判决的做出却异常缓慢，至2007年止仅有近20个涉及石棉的裁判。民事诉讼作为争议解决方式，对于加害者责任的明确具有显著优势，然而其亦有不可回避的难题。

5.2.1　因果关系的认定

从石棉被挖掘、加工、作为原料制造产品进而流通至最终废弃的过程中，任何一个阶段都可能产生大量的石棉粉尘。石棉公害作为蓄积型公害事件，加害者与被害者构成都具有相当的复杂性，因果关系的证明比其他公害事件更为困难。在石棉公害事件中，多样的接触模式、环境中可能导致相同结果的多种因素与其他诸种病原体的交互作用致使因果关系呈现出极大的模糊性。

由于致害原因分散，并且从石棉粉尘致病至病症显露通常要经历20年以上，因而很难对致害者予以特定。此外，尽管医学上已经证明间皮瘤仅可能由于吸入大量石棉粉尘所致，但是区分肺癌是由石棉粉尘导致还是吸烟等其他原因导致却是困难的，即对于同样可由石棉以外的原因造成的疾病，在医学上判断其与石棉的关联性具有一定难度。比如"一个多年直接接触石棉粉尘的不吸烟的造船厂工人后来患上了间皮瘤和一个终生吸烟、只是偶尔地非职业性地接触石棉的人后来其肺毫无症状地胸膜增厚，在这两个案件中，其所描摹的因果关系图景显然是截然不同的"。[①] 具体而言，尽管经常性接触石棉或者长期吸烟均可能引发肺癌，偶尔或一时地与该介质接触不会致病，但是一个长期吸烟又经常接触石棉的人罹患肺癌，则很难判断致癌的原因是吸烟还是石棉。更为

---

① 刘炫麟. 大规模侵权研究 [M]. 北京：中国政法大学出版社，2018：56.

重要的是，肺癌的诱因具有多样性，在相当长时间的潜伏期内并不能排除存在吸烟与石棉以外的其他致害因子，而且某些特殊体质对于癌症的诱发作用显著。诸如此类均涉及医学、化学等多领域的专业知识，为原告的举证设置了很大障碍。而且尽管在其他公害事件中，以损害的发生概率为基础认定损害结果与加害行为之间因果关系的疫学因果关系理论已予以适用，但由于石棉公害事件的特殊性，该理论并未得到应用。

5.2.2　过错的认定

对于在石棉粉尘浓度较高的场合下出现的石棉肺患者，判例已肯定了石棉相关企业对致害结果的预见可能性。然而由于石棉在日本社会中应用范围极广，故对于曝露在石棉粉尘浓度较低的环境而罹患石棉肺的群体，相关企业是否对致害结果具有预见性是存在争议的。在"关西保温工业事件"① 中，尽管裁判最终认为石棉企业方具有预见可能性，但是考虑到企业方的预见困难性，将精神损害赔偿金额予以减少。另外在"札幌宾馆锅炉工事件"② 中，裁判认为企业不能预见该危险而判定原告方败诉。可见，在石棉使用范围不同的情况下，石棉相关企业对其损害具有何种预见程度，并无统一的裁判标准。③ 此外，过错的难以认定与信息的不对称也有很大关系。在现实生活中，信息对称只是一种理想状态，而信息的不对称则是绝对的、无条件的。企业作为市场经济的重要主体，与工厂的劳动者以及普通民众相比具有更为优越的信息资源。后者对于前者精密的生产经营环节几乎处于"无知"的状态，让信息资源弱势方证明信息资源强势方的过错，其困难程度无须赘言。

---

① 在石油工厂的锅炉加热现场从事安全监督工作的劳动者，因吸入石棉粉尘生命权、健康权受到严重侵害，向法院提起了侵权之诉。

② 在札幌某宾馆锅炉室工作的某人员因恶性间皮瘤死亡，其家属认为死因为宾馆经营者在锅炉室粉尘的处理上过于懈怠，故以经营者违反安全保障义务为由提起了违约之诉，同时亦对其提起了侵权之诉。

③ 石綿対策全国連絡会議. アスベスト問題は終わっていない [M]. 大阪：アットワークス，2007：54.

5.2.3 时效制度

由于石棉损害具有缓释性，潜伏期较其他公害类型更为漫长，因而诉讼时效制度使石棉公害患者获取救济的难度进一步加大。在损害发生后若不积极行使损害赔偿请求权，损害赔偿请求权在日后将难以行使，损害赔偿责任的追究亦陷入困境。《日本民法典》中围绕违约诉讼时效的 167 条规定损害赔偿请求时效为以能够请求之日起 10 年，围绕侵权诉讼时效的 724 条规定损害赔偿请求时效为从知道或应当知道损害以及加害者之日起 3 年，或者侵权行为发生之日起 20 年。

在石棉公害事件中，被害者从吸入粉尘至病症显露，经历 20 年以上属于常态。若以吸入粉尘之日作为侵权行为发生日，待间皮瘤等病症显露时，损害赔偿请求权的时效已过。法院在过去的劳动灾害事件中，在时效计算上倾向于以症状显露时作为起点。基于此，在石棉公害事件中被害者在症状显露后 3 年内起诉，相关企业的损害赔偿责任仍能够得到追究。然而，3 年的时效期间对于被害者而言仍过于短暂，被害者在应对突发疾病、寻求医疗救助的同时仍要顾及时效期间实不具有期待可能性。尽管在以违反安全注意义务追究相关企业的违约责任时可享有 10 年的时效期间，但是其适用主体有限，对于与致害企业不存在劳动合同关系的其他群体不具有适用余地。

尽管相较于其他救济方式，民事诉讼具有一定的独特价值：其使加害者的责任得到了最大限度的明确，对于此后相同事件的抑制发挥了积极作用。对于因石棉受到侵害的劳动者而言，在劳动灾害认定困难的情况下，民事诉讼为其提供了一条切实可行的救济途径。同样对于一般居民，在无其他可依据的具体制度时，其亦可通过民事诉讼谋求救济。然而民事诉讼的救济范围仅限于提起诉讼的被害者，未参加诉讼的被害者无法得到救济。此外，蓄积型公害事件中的损害往往具有缓释性，在某些情况下病症的显露长达 30 ~ 40 年，即便届时损害赔偿责任明确，加害企业有可能已因资不抵债而破产或其他原因而关闭，责任追究难以实现。加之上文已述的石棉诉讼在因果关系的确定、过错的认定、时效制度以及起诉负担上的缺陷，可见民事诉讼方式在石棉损害问题的解决上代价极其高昂。

　　值得注意的是，由于在大阪泉南损害赔偿诉讼中肯定了国家的损害赔偿责任，因而厚生劳动省于 2014 年规定：在石棉工厂工作的劳动者或其遗属在向国家起诉时，在满足一定条件时可通过诉讼中的和解程序获得损害赔偿金的给付。须满足的条件有三：其一，自 1958 年 5 月 26 日至 1971 年 4 月 28 日的期间内，在应当设置而未设置局部排气装置的石棉工厂内长期处于石棉粉尘曝露状态下的劳动者，即便其已通过劳动者灾害补偿保险制度或者基金制度获得救济，亦能够成为适用对象。其二，因石棉而遭受了特定的健康损害，包括石棉肺、肺癌、间皮瘤、弥漫性胸膜肥厚等。其三，起诉期间在损害赔偿请求的期限之内。对此，石棉公害的受害者可通过提供日本年金机构出具的《被保险者记录照会回答票》、都道府县劳动局长出具的《石棉肺管理区分决定通知书》、劳动基准监督署长出具的《劳灾保险给付支付决定通知书》、医生出具的诊断书等加以证明。尽管和解程序试图为石棉被害者提供更为迅捷的救济，但厚生劳动省 2017 年的调查发现，由于知晓该和解程序的人数较少，至 10 月为止仅有 180 人运用了该和解程序，尚未达到事先预想人数的 1/10。[①]

105

5.3　劳动者灾害补偿保险制度

　　对于在石棉关联行业工作的劳动者，日本还存在面向该特定群体的劳动者灾害补偿保险制度，该制度长期在劳动者劳动灾害的救济上发挥着举足轻重的作用。1947 年日本颁布《劳动基准法》，其中规定在劳动者因从事劳动工作而负伤、患病、残疾或死亡的情况下，不管用人单位有无过错，其都须对该结果承担损害赔偿责任，对于某些仅使用一名劳动者的小型企业也不例外。同年《劳动者灾害补偿保险法》颁布，沿用了《劳动基准法》的无过错责任，对于因从事劳动工作而负伤、患病、残疾或死亡的劳动者，通过保险金的支付促使劳动者本人劳动条件的恢复，并对劳动者家属给予经济上的援助。

---

① 産経 west. アスベスト訴訟・和解手続きわずか180 人［EB/OL］. http：//www. sankei. com/west/news/171025/wst1710250027－n1. html.

5.3.1 适用对象

只有在劳动者的负伤、疾病、残疾以及死亡由劳动业务导致的情况下，劳动灾害才与用人单位的责任直接关联，劳动灾害保险的补偿才予给付。具体而言，"劳动业务"须满足以下两个条件：其一，业务遂行性，即劳动者须在用人单位的支配之下；其二，业务原因性，即劳动业务为劳动者伤病的原因。而对于疾病是否由劳动业务引起，劳动基准监督署署长通常考虑以下三个因素：一是劳动场所是否曾存在有害因子；二是劳动者是否曾曝露于可能导致健康损害的有害因子的环境下；三是病发的经过与症状在医学上看是否妥当。在劳动业务导致疾病的情况得以认定后，劳动者能够获得保险给付。

在石棉公害事件中，因从事石棉关联作业而患有业务上疾病的劳动者，可以依据《劳动者灾害补偿保险法》获得补偿。《劳动基准法施行规则》第35条对"业务上疾病"的范围进行了规定，其中与石棉相关的疾病为：化学物质导致的疾病，在粉尘散布场所罹患的肺尘病、肺尘病综合征，癌原性的物质、因子或者癌原性的工程、业务所导致的疾病。1978年厚生劳动省制定了劳动灾害认定的基准，进一步明确了与石棉相关的劳动业务为石棉原料相关联的作业，石棉制品的制造、处理作业，上述作业的周边作业，该劳动业务引起的疾病为石棉肺、肺癌、间皮瘤、良性石棉胸水、弥漫性胸膜肥厚。因而在对石棉导致的业务上的疾病进行劳动灾害认定时，依照上述"劳动业务"与"疾病"的标准进行判断。

5.3.2 制度内容

遭受劳动灾害的劳动者以及家属可向其工作单位地所属的劳动基准监督署署长提交劳动灾害保险给付请求书，谋求劳动灾害补偿保险救济。该请求具有时效限制，一定期间内权利不予主张即会消灭。受理申请后，署长进行书面审查，然后通过调查以及鉴定工作等进行劳动灾害认定，即判定请求内容是否符合《劳动者灾害补偿保险法》所规定的给付条件以及是否应给付劳动灾害保险金。决定做出后即通知劳动者，对于不予支付的决定，劳动者或者死者家属有权向劳动保险审查会申诉。劳动者依据保险制度获得的补偿有以下七种。

1. 疗养补偿给付

劳动者因劳动工作患有伤病时，有权获得现物给付（疗养的给付）与现金给付（疗养费的支付）。对于前者，劳动者有权在《劳动者灾害补偿保险法》规定的医院接受免费的疗养，而后者则针对在规定医院以外的机构疗养的劳动者，其已支付的费用可得到全额返还。所谓疗养，包括诊查、手术、器械辅助治疗、药物调理或者在医院、住所的陪护等诸多事项。在现物给付的情况下劳动者可通过指定医院向劳动基准监督署提交请求书，在现金给付的情况下劳动者则可直接向劳动基准监督署提交相应请求书。

2. 休业补偿给付与休业特别支给金

劳动者因劳动灾害未能工作达 4 日以上而无法获得报酬时，前 3 日的部分由使用者根据《劳动基准法》进行休业补偿，第 4 日以后依据《劳动者灾害补偿保险法》进行保险金的给付。原则上每日给付额为基础日额（劳动灾害前 3 个月劳动者报酬总额的平均日额）的 60%，同时还获得休业特别支给金的给付。两种给付请求必须同时向劳动基准监督署提出。

3. 残疾补偿给付、护理补偿给付

劳动者因劳动灾害接受治疗后，在病愈但身体留有残疾的情况下将获得残疾补偿金。残疾程度不同，给付金额也有所区别。对于患有严重残疾，对护理的依赖性极高的劳动者，其护理费用的支出可得到一定的填补，但是数额有一定限制。

4. 遗属补偿给付

劳动者因劳动灾害死亡时，其家属将会获得一定的补偿，分为遗属补偿年金与遗属补偿一时金。前者是对因劳动者死亡而丧失维持生计能力的被扶养利益者予以补偿，额度为 240 万日元。给付按照一定顺序进行：配偶、子女、父母、（外）孙子女、（外）祖父母、兄弟姐妹。除

配偶外，其他对象须具备一定的条件，比如高龄、年少或者残疾。后者是在无上述对象的情况下，给予在劳动者生前未受其扶养者的补偿，额度为 1000 日的基础日额。

5. 伤病补偿年金

劳动者在接受 1 年 6 个月的疗养后，若仍未病愈且身体留有残疾，将根据残疾的程度获得一定给付。该年金的受给者尽管仍会得到必要的疗养补偿给付，但是不再获得休业补偿给付。与其他给付不同的是，该给付并非根据劳动者的请求而是由劳动基准监督署署长依职权决定。

6. 二次健康诊断等给付

根据《劳动安全卫生法》定期进行健康诊断的劳动者，若检查结果显示脑、心脏等器官因劳动事由出现异常，可以在劳动灾害医院或者都道府县劳动局局长指定的医院再次进行健康诊断以及接受特定的保健指导。

7. 丧葬费

向劳动基准监督署提出丧葬费的给付请求时须在请求书上附上死亡诊断书等文件，支付对象不限于死者家属。

5.3.3　给付效果

就该制度在日本的实际运行情况来看，劳动者中得以适用劳动灾害补偿保险者仍是少数。图 5 - 1 为日本劳动安全卫生中心公布的 1995 ~ 2004 年因石棉业务导致的间皮瘤患者的劳动灾害补偿保险救济情况。

由此可见，在庞大的间皮瘤患者群体中，得到劳动灾害补偿保险救济的人数是极少的。1995 ~ 2004 年死亡人数为 7013 人，获得补偿人数为 419 人，补偿率为 6%。出现这种情况的原因大抵如下：一方面，劳动灾害认定的条件较为苛刻，必须在劳动业务与五种疾病的因果关系得到证明的情况下才被认定；另一方面，认定程序也较为烦琐。以休业补偿给付为例，因补偿金额的计算以平均工资以及休业时间为依据，所以

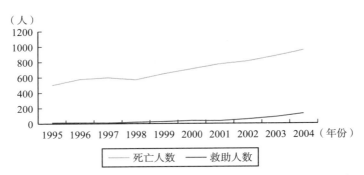

图 5 - 1　1995～2004 年间皮瘤患者劳动灾害补偿保险救济状况表

还需企业主对此提供证明。然而企业主对于承认其经营活动导致劳动者受到石棉损害是排斥的，劳动灾害补偿的效率因此受到了严重影响。对于在石棉关联工厂工作的劳动者而言，救济的覆盖率显然过低，并且即便获得劳动灾害补偿保险给付，劳动者的损害并不能因此得到完全的填补。故而为了获得充分救济，劳动者在其人身权被侵害时，可再行依据侵权行为法追究企业的损害赔偿责任。 当然，为了避免劳动灾害补偿与民事赔偿的二重给付，给付金额会有所调整，但是精神损害赔偿费用不受影响。

5.4　石棉公害救济基金制度

由于日本在众多领域广泛、大量地使用石棉，而从高频度接触石棉粉尘至间皮瘤、肺癌等病症显露通常要经历 30～40 年，因而日本存在大量潜在的石棉被害患者。但石棉导致的疾病从发作至死亡的过程却很短暂，很多患者在并不明确致害原因的情况下即死亡，故而为了对石棉相关被害者施以全面、迅速的救济，在弱化因果关系证明的基础上，由社会全体分担石棉健康损害的基金制度得以建立。2006 年《石棉健康被害救济法》颁布，2008 年加以修改，2010 年扩充了可予救济的对象

---

① アスベスト問題研究会神奈川労災職業病センター. アスベスト対策をどうするか [M]. 東京：日本評論社，1988：108.

范围。① 该基金参照医药品副作用致害救济制度，并未严密论证财产损害与精神损害等损害项目的数额，而是对医疗费、看护费用、丧葬费以及其他杂费的支出等予以抚恤性质的填补。然而，由于医药品副作用致害可确定由医药品导致，责任主体相对明确，因而其补偿色彩更为强烈：其对逸失利益予以了某种程度的考虑，在生活保障上存在残疾年金、残疾儿养育年金、遗属年金、遗属一时金等项目，补偿水准较高，但是石棉健康被害救济基金是在迫切救济需求下的行政产物，给付具有明显的公力性质，数额较前者而言不免较低：未对以上损害项目予以过多关注，仅是对医疗费、疗养补贴、丧葬费等内容予以给付。

5.4.1 基金的给付种类

基金对于以下两类对象的给付内容也存在不同。对于未获得劳动灾害补偿保险即死亡的劳动者家属，给予其特别遗属给付金。该给付金分为两种：一种是特别遗属年金，给付对象为死亡劳动者的配偶以及其他依靠死亡劳动者的收入维持生计者，其每年可获得 240 万日元的特别遗属年金，与劳动者灾害补偿保险制度中对死者家属给付的遗属补偿年金在金额上是一致的。另一种是特别遗属一时金，在特别遗属年金的适格给付对象已经死亡的情况下，死亡者的其他遗属可获得该给付。给付金额参照《劳动者灾害补偿保险法》规定的遗属补偿年金的数额。而对于在日常生活环境下大量接触石棉粉尘的群体，给付内容主要分为以下几类：

其一，医疗费。基金对被认定者所需的医疗费用（扣除健康保险的负担部分）进行给付。若作为医疗费给付对象的被认定者死亡，则与其一同生活的家属有权请求尚未支付的医疗费部分。医疗费请求时效为 2 年。

其二，疗养补贴。对于医疗费之外的因问诊、住院、亲属日常护理等产生的费用，在请求之日所属月份的次月始至给付事由消灭之月的期间内每月按 10.387 万日元定额给付。

---

① 《石棉健康被害救济法》在颁布之初，以间皮瘤和石棉引起的肺癌患者为救济对象，2010 年救济范围得到进一步扩展，增加了伴随有严重呼吸机能障碍的石棉肺患者以及弥漫性胸膜间皮瘤患者两类人群。

其三，丧葬费。在被认定者因指定疾病死亡的情况下，对实施丧葬者给予 10.9 万日元的补偿。请求期限为被认定者死亡日的次日起 2 年。

其四，特别遗属抚慰金、特别丧葬费。在 2006 年 3 月 27 日法律施行前因指定疾病死亡者，对其家属给予抚恤性质的补偿。在曾与死者共同生活的家属中，按照配偶、子女、父母、（外）孙子女、（外）祖父母、兄弟姐妹的顺序，对于顺位在前者给付。特别遗属抚慰金为 280 万日元，特别丧葬费为 19.9 万日元。请求期限为法律施行之日起 3 年内，即从 2006 年 3 月 27 日至 2009 年 3 月 26 日。在法律施行后石棉被害者因指定疾病死亡的情况下，若其在生前未申请认定，则家属在其死亡后不再获得救济给付。

其五，救济给付调整金。在法律施行前患有指定疾病而在法律施行后 2 年内死亡者，若其生前被给付的医疗费与疗养补贴合计未达到特别遗属抚慰金的金额，则对曾与患者一同生活的家属中最优先顺位者给付该差额部分。请求期限是在被认定者死亡之日的次日起 2 年。

5.4.2　基金的资金来源

111

基于社会全体对损害进行分担的制度宗旨，在石棉公害救济基金的出资构成中企业与政府、地方公共团体各占一半。在石棉公害事件中致害的主体虽主要为企业，但危害的不断升级与政府的不作为也有很大关系。日本政府很早即认识到了石棉的危害性，但日本行政权限的条条分割主义使石棉的规制一再拖延，未采取及时有效的措施以避免事态的恶化。正是行政上的懈怠导致了石棉损害的不断扩大，故政府的出资在某种程度上乃基于其本身所负有的损害赔偿责任。企业的出资存在两种形式，一是以所有企业为对象（在日本共有约 260 万所）的一般缴纳金；二是以石棉使用量符合一定标准的企业为对象的特别缴纳金。考虑到石棉因具备绝缘、绝热、隔音、耐高温、耐酸碱、耐腐蚀、耐磨等特性而在建筑、电器、汽车、家庭用品中应用广泛的现状，可以说几乎所有企业的经营活动中都有石棉的介入，都在石棉的使用过程中获取了经济利益，因而在报偿责任的立场上由所有企业作为缴纳主体对石棉产生的损害进行分担具有理论的正当性与现实的合理性。一般缴纳金于 2007 年始予收缴，对每个企业的收缴率为生产总额的 5‰，后由于基金收支不均衡，2014 年调整为 2‰。此外，由于某些企业在经营活动中与石棉关系极为密切，在石棉损害的分担上负有更大责任，因而在对石棉的使用量、指定疾病的发生状况等事项予以考虑的基础上在一般缴纳金之外再对企业课以附加缴纳金。政府与地方公共团体在预算的范围内对基金的资金进行补充。

5.4.3 基金的救济对象及程序

基金的救济对象主要分为两类：一类是因从事与石棉相关的劳动工作而死亡，在死亡前未在法律规定时效内请求劳动者灾害补偿保险的劳动者。从这个意义上说，在石棉致害事件中劳动者灾害补偿保险的请求时效得到了延长。另外一类是在日常生活环境下大量接触石棉粉尘的群体，也就是所谓的公害型被害者，具体包括该法施行前已死亡者的家属以及现有被害者。对于前者，基金的给付决定由劳动基准监督署长做出，对于该决定存有异议者可向劳动者灾害补偿保险审查官提出审查请求。而对于后者，基金救济程序自被害者向独立行政法人——环境再生保全机构提交认定申请书后启动。该机构对申请书内容进行审核，对于有必要从医学专业角度进行判断的事项，提请环境大臣予以判定。环境大臣在听取中央环境审议会意见的基础上进行判定，并将结果通知该机构。在此基础上，机构做出认定与否的决定并书面联系申请者。申请者若对决定不服，在知晓决定的次日起 60 日内，有权向公害健康被害补偿不服审查会提出审查请求；被认定者即日起获得救济给付。

5.4.4 基金的救济效果

石棉公害的触角遍及日本社会的各个角落，多数社会成员既在一些场合下扮演着加害者的角色，又在另外一些场合下成为受害者。由社会共同分担石棉造成的损害，既是对社会风险的分配正义之要求，又是在社会的整体视角下成员之间合作共济的应有之义。石棉公害救济基金正是在社会全体意义上的救济，不管是从事与石棉相关的劳动者，还是在日常生活环境下大量接触石棉粉尘的普通人，均能够获得一定的经济补偿。该制度的实施既缓解了受害者因难以证明因果关系、过错等侵权责任要件而迟迟得不到救济的困境，也在一定程度上减轻了法院的审判压力，有益于社会秩序的尽快修复。制度施行后，被救济人数呈现出 2 ~ 3 倍的增长，救济不足的现状有很大的改观。

　　然而，该制度仍存在诸多不完备之处，难谓全面救济。① 第一，两类群体间补偿数额过于悬殊使制度的公平性受到了很大质疑。劳动灾害型被害者家属通过基金得到的给付与通过劳动灾害补偿保险获得的补偿金额是一致的，其可获得多达年收入 70% 的遗属年金，甚至某些大企业还向其支付大额的抚恤金，帮助其生活的维持；但是对另一类群体即公害型被害者，其给付仅具有慰问的性质，金额过低，远远不能满足被害者及其家属的生活需求。同样是石棉公害的受害者，都在肉体与精神上遭受了极大的痛苦，损害填补上的差异对待使制度的公平性受到诘问。第二，石棉致害的责任追究机制也是该制度的问题所在。石棉的有害性最初在 20 世纪 60 年代即被公布，然而日本政府并未因此采取停止石棉生产与使用等针对性的行政措施，相关企业亦在明知石棉危险性的情况下继续使用石棉进行生产经营活动。可以说，现今石棉被害的现状与国家、企业的不作为有极大的关系。而在《石棉健康被害救济法》中，基金由国家、地方政府、石棉相关企业共同出资分担损害，各自的责任尤其是石棉企业的责任并未得到充分的明确。因而该制度仅是基于救济的紧迫性而建立，在有责性的判定上过于薄弱，补助的低额化与此不无关系。② 而且，该制度因受限于医学条件而未能全面发挥救济效果：虽然间皮瘤已被确认为仅可能由石棉粉尘所致，但是医学上对于间皮瘤病症的认定却是困难的。间皮瘤患者在申请基金救济时通常会被要求追加材料以确证病症，基金救济的迅速性大打折扣。

113

---

① 石綿対策全国連絡会議. アスベスト問題は終わっていない［M］. 大阪：アットワークス，2007：4

② 森永謙二. アスベスト汚染と健康被害［M］. 東京：日本評論社，2006：204.

第6章 日本食品公害救济制度

食品的摄入与人类生命的存续息息相关。为了降低生产成本以及提升产品效能，在食品制造工程中开发并导入新技术成为食品工业发展的一大趋势。然而新技术的使用虽然使食品的大量生产成为可能，却也存在因对技术掌握的不充分而致使有害物质在制造工程中产生并污染食品的现象。有毒有害食品一旦进入流通环节，将会在市场的助推下对不特定的多数人造成损害。食品摄取的必然性导致了每个人都是潜在的被害者，人类难以抗拒以食物链为媒介的天然风险。更为严重的是，有毒有害食品的侵害有时并不限于直接接触食品的个人，还有可能通过代际传递造成下一代人的损害，成为人类社会的灾难。

6.1 食品公害

食品公害与医药品公害虽然均属产品责任范畴，致害企业被课以的义务却有所不同，损害赔偿责任的构成自然不可一概而论。原因在于医药品具有双刃剑的性质，出于缓解病痛、维持生命的需要，新药品的开发是必要的，而在某些情况下其副作用不可避免。因而对于医药品可能产生的副作用，制药企业在医药品出售后具有定期收集信息、追踪调查的义务；同时对于药品开发过程中的缺陷，某些情况下制药企业可援用免责事由使其产品责任得到一定程度的减轻。① 然而在食品公害事件中，因食品的绝对安全具有期待之可能，因而在食品的制造过程中只要其产生或可能存在对人身安全的危险，即超出了社会的容忍限度，即便

① 森島昭夫. 食品関連業者の責任と裁判例の動向（一）[J]. 自由と正義，1982（33）.

食品制造企业援用免责事由抗辩，其损害赔偿责任在绝大多数情况下也被予承认。

　　日本在 20 世纪发生过几起食品公害事件，比如"痛痛病事件""森永牛奶事件"等，而最为知名的当属 1968 年发生的"米糠油事件"：Kanemi 仓库（以下简称 K 仓库）在米糠油制造过程中，由于疏忽将用于脱臭的 PCB（全名 polychlorinated biphenyl，又名多氯联苯）混入食用油中，PCB 在加热后产生了毒性。消费者食用该米糠油后皮肤出现色素沉积、痤疮、头痛、手脚麻痹，严重者甚至肝功能受到损伤。不仅如此，该毒性还通过胎盘或者母乳影响到了下一代，二代患者亦随之产生。婴儿出生后全身皮肤黑色素沉积，被称为"黑婴儿"，该事件也因此在国际上知名，是日本迄今为止最大规模的食品公害事件。[①]

　　在米糠油事件之前，日本处理大规模食品安全事故的依据为《食品卫生法》。《食品卫生法》自 1948 年起施行，2003 年进行了修改。该法规定了食品及其添加物在安全标准、产品标识、质量检查等方面遵循的原则，同时也将餐具、锅具、包装、婴儿玩具纳入规制范围。《食品卫生法》共有 11 章，内容之全面、规定之详细，在与食品安全领域相关的特别法中并不多见。其对于大规模食物中毒亦有涉及，在 60 条规定了大规模食物中毒事件的调查义务：当食物中毒在大范围区域发生或者导致受损害者达到 500 人以上时，都道府县知事须对食物中毒原因进行调查，在厚生劳动大臣规定的日期（通常为 3 日）内向其报告。但是《食品卫生法》的适用对象主要为因食品的变质、异物的混入引起的细菌、病毒性食物中毒，尽管该类事件的致害结果在某些情况下可能呈现出大规模性，严重者也存在致死的情况，但伤者一般在短时间内即可痊愈，损害不具有持续性与代际延伸性。然而，本次"米糠油事件"不同于以往的大规模食物中毒事件，不仅其治疗方法至今仍未明确，短时间内治愈尚无可能性，而且出现了二代、三代患者，损害的情况更加复杂。对此，以《食品卫生法》的现有规定应对"米糠油事件"造成的损害确有救济不足之虞。

---

　　① 宇田和子. カネミ油症事件における「補償制度」の特異性と欠陥：法的承認の欠如をめぐって［J］. 社会学評論，2012（63）.

6.2　侵权责任救济——以
"米糠油事件"为例

"米糠油事件"发生后，油症受害者在寻求救济的道路上遭遇了重重阻力：首先，油症受害者须在被认定的情况下才有资格提起损害赔偿诉讼，而严苛且复杂的认定标准与流程将大部分受害者拒之门外。其次，判决中过错认定的反复使油症受害者的权利保护处于极不稳定的状态，侵权责任救济方式难以为继。最后，致害企业责任财产的严重不足使判决几乎成为"一纸空文"，救济的有效性大打折扣。

6.2.1　油症患者认定的困境

就公害病而言，《公害健康被害补偿法》规定了相关患者的认定事项而使认定较为简单，患者在被认定后即可得到公力救济。然而由于本次"米糠油事件"被界定为由食品的异常引起的食品中毒事件，故不能适用《公害健康被害补偿法》进行患者认定，加之与认定相关的其他法律的缺位，致使油症患者的认定具有极大的随意性与不确定性。受害者在未被认定的情况下，无法以油症患者的身份提起损害赔偿诉讼，被置于法律救济的真空地带。

1. 油症的认定标准

1968年10月10日《朝日新闻》报道了"米糠油事件"，引起了日本社会的巨大关注。10月14日福冈县卫生部、九州大学医学部和药学部共同成立了油症治疗研究班，随后，10月18日九州大学医学部开始了油症患者的集团性诊断业务，在106人中诊断11人患有油症。10月19日油症治疗研究班公布了以血液中PCB浓度作为认定油症患者的标准，符合该标准的即认定为油症患者。[①] 1972年认定标准得到修正，肝肾功能损害等全身症状也被纳入其中。然而该时期对于临床症状仍重视

---

① 吉野高幸. カネミ油症——終わらない食品被害［M］. 福岡：海鳥社，2010：22.

不够，诊断标准仍主要为血液中 PCB 的浓度与构成，而且 PCB 浓度的标准并未明确。1981 年认定标准中追加了对血液中多氯四苯（polychlorinated quaterphenyl，PCQ）的检测，2004 年在标准中再次追加了对血液中多氯二苯并呋喃（polychlorinated dibenzofuran，PCDF）的检测。① 尽管这项修正给为数众多的未认定患者带来了一丝曙光，但是到 2010 年 3 月末认定患者在全国仅有 1941 人，占损害总人数的 1/10 左右。针对在共同食宿的家庭成员之间认定存在巨大差异的不合理现象，2012 年 9 月《油症救济法》颁布，诊断标准得到了进一步修正，对与油症患者共同食宿却未被认定为油症患者的家庭成员进行了广泛认定。

　　人类社会因首次经历大规模致害的油症事件，故而在确立油症患者的认定标准时无任何参考依据，只能就已明确的事实进行推测。随着患者数据的不断出现，数据的分析整理与标准的适当修正当属必然。然而油症治疗研究班却无视该事实，在无任何依据、理论阐释的基础上使该推测长时间成为认定的通用标准，严重阻碍了患者的救济。此外，以血液中 PCB 抑或 PCDF 的浓度作为认定标准亦存在重大错误。血液中化学物质浓度只是一个参考因素，在浓度高的情况下可成为认定时的重要指标，然而在浓度低的情况下却不能以此作为否定依据。② 因患者在食品摄取量、年龄、性别、症状显示、治疗过程、排出机能等方面存在差别，在"米糠油事件"发生 30 多年后仍以血液中某化学物质的浓度作为标准，难谓其具有科学性。③

2. 油症的认定、治疗流程

　　为了对应予认定者加以认定，对已认定者给予更加全面的治疗，在厚生劳动省的财政支持下，认定、诊疗活动每年进行一次。其开展的流程如下：首先，油症治疗研究班制定诊疗计划，通过县知事委托给地方

117

---

① 原田正純. 油症は病気のデパート——カネミ油症患者の救済を求めて［M］. 大阪：アットワークス，2010：29 – 31.

② 根据 2010 年 3 月 31 日厚生劳动省公布的油症患者健康状态调查结果，油症患者的疾病构成中关节、皮肤疾病占 80% 以上，脑、精神疾病占 58%，心脏疾病占 39%，癌症占 10%。另外，该结果亦显示，70% 以上的患者的日常生活被油症引发的健康问题所困扰。

③ カネミ油症損害者支援センター. カネミ油症——過去・現在・未来［M］. 東京：緑風出版，2006：91.

公共团体实施。① 地方公共团体将诊疗的场所以及日期通知已被认定的油症患者，在这个阶段未被认定的患者亦可申请油症的认定。诊疗当日由医生组成油症对策委员会进行诊疗，诊疗结束后，对策委员会召开健康诊查会对认定患者的诊疗数据进行探讨，将健康管理的内容通知已认定患者。未认定患者的数据经对策委员会的认定诊查会研究后形成是否予以认定的方针，由认定诊查会向县知事提出。县知事最终做出认定与否的决定并通知此前未得到认定的患者。根据县知事的认定决定，K 仓库对新认定患者发放抚恤金和油症诊疗券，认定患者即可通过使用油症诊疗券或直接向 K 仓库请求补助的方式填补一部分医疗费的支出。未被认定者可申请接受再次诊疗。若对不予认定的决定有异议，可依据《行政不服法》向地方共同团体提出行政不服审查。两次申请均被驳回仍有异议者可向法院提起取消该不予认定决定的诉讼。

在现行的认定、诊疗流程中，最大的问题在于责任主体的不明确性。厚生劳动省与油症治疗研究班在实施认定、诊疗业务上具有相互委托的关系：厚生劳动省为认定、诊疗提供研究经费并做出相应预算，油症治疗研究班则提出具体的认定、诊疗计划。然而在受诊疗者或者认定患者对于认定或者诊疗业务存在异议时，该委托关系成为二者互相推诿责任的托词。厚生劳动省将认定与诊疗的责任归于油症治疗研究班，研究班则认为如何实施认定、诊疗取决于厚生劳动省的预算，二者在责任承担中均表现出消极态度。因而，异议的申请对象无法予以特定，长此以往治疗业务的继续性以及质量亦很难得到保证。

6.2.2　过错判断的反复

油症诉讼在 20 世纪势头强劲，以 1969 年福冈民事诉讼为开端，全国民事诉讼第一阵、第二阵、第三阵、第四阵、第五阵、油症福冈诉讼团诉讼、广岛民事诉讼（1972 年与全国民事诉讼第一阵合并）、姬路民事诉讼等相继展开。虽然各诉讼历时较长，但是至 1985 年，无论是福

---

① 在日本，地方团体泛指都道府县以及市町村，其中都、道、府、县是平行的一级行政区，直属中央政府，但各都、道、府、县都拥有自治权。全国分为 1 都（东京都）、1 道（北海道）、2 府（大阪府、京都府）和 43 个县（省），下设市、町、村。其办事机构称为"厅"，即"都厅""道厅""府厅""县厅"，行政长官称为"知事"。

冈民事诉讼、全国民事诉讼第一阵的一审、二审，还是全国民事诉讼第二阵、第三阵的一审，原告一直保持胜诉，各判决均认定米糠油的制造者 K 仓库以及 PCB 的制造销售者钟渊化学工业负有向油症患者支付损害赔偿金的义务。然而在 1986 年全国民事诉讼第二阵的二审中，钟渊化学工业的责任被否定，此后整体形势发生了逆转。尽管原告团对判决结果不服并上诉，最高裁判所仍秉持钟渊化学工业无损害赔偿责任的立场，建议原告团与钟渊化学工业和解，否则其将在很大程度上承担败诉的风险。考虑到可能发生的不利后果，原告团听从了最高裁判所的建议，与钟渊化学工业达成了和解：在原告承认米糠油事件中钟渊化学工业无任何法律责任的前提下，钟渊化学工业支付原告抚恤金。此外，钟渊化学工业在和解中明确表示对于以后被认定的患者不适用该和解内容。同样，原告与 K 仓库也达成了和解，K 仓库承认其对原告负有 500 万日元损害赔偿金的支付义务，但是基于 K 仓库财力有限，原告对此不予强制执行。作为交换，K 仓库保证在该债务外持续承担患者的治疗费用。此后，各判决均以和解结案，诉讼救济进入了"瓶颈期"。进入21 世纪油症诉讼相对较少，以 2008 年 5 月油症患者向福冈地裁小仓支部提起的损害赔偿诉讼最具代表性。裁判虽然承认原告因食用米糠油罹患油症的事实以及 K 仓库制造、销售该有毒食品的过错，却以除斥期间已至权利消灭为由①驳回了原告的请求。原告对此提出上诉，福冈县高等裁判所于 2014 年 2 月 24 日维持一审判决驳回上诉。2015 年 6 月 2日最高裁判所再次驳回上诉，判决由此确定。

119

可以说，1986 年全国民事诉讼第二阵的二审判决是一道"分水岭"，对被告损害赔偿责任的完全肯定变为否定致使油症认定患者的救济处境发生了根本改变，判决逆转背后的原因值得我们思索。

1. 企业侵权责任的肯定

1969 年 2 月原告以米糠油的制造销售者 K 仓库、K 仓库的法人代表以及制造销售热媒体 PCB 的钟渊化学工业为被告，向福冈地方裁判所提起民事诉讼。该诉讼历经 8 年，判决于 1977 年 10 月 5 日做出。该

---

①　日本《民法》第 724 条规定，被侵权人及其法定代理人在明知损害以及责任者后 3 年内不行使损害赔偿请求权的，该请求权消灭。侵权行为发生后 20 年内请求权未予行使的，亦予消灭。

判决为油症诉讼的第一个判决，对于三者的损害赔偿责任都予以了肯定。此后至 1986 年全国民事诉讼第二阵的二审判决做出前，诸判决均持相同立场。首先，因食品制造业者对于食品安全负有高度、严格的注意义务，故而法院在对食品制造业者的过错进行判断时，引入了商品瑕疵的事实推定概念，即在食品具有损害人体生命、健康的瑕疵时，仅以此事实即可在很大程度上推定该制造业者的过错，除非食品制造业者能够证明即使履行了高度并且严格的注意义务仍不能预见该瑕疵。因此过错的举证责任在一定程度上转移到了加害者一方。该过错推定方式虽然在之前的判决已有所适用，然而在本次公害事件中，对于食品瑕疵相应过错予以事实上的推定，继而将是否具有预见可能性的举证责任课以制造业者一方，意义无疑是重大的。其次，诸判决对于 K 仓库法人代表的责任也予以承认。在本事件之前发生的公害事故中损害赔偿责任通常只限定于法人本身，未有追究法人代表责任的先例。然而本事件具有一定的特殊性，K 仓库属于家族企业，六成以上的股份由法人代表本家族持有，就赔偿效果来看追究法人代表的责任更具妥当性。另外根据日本《民法》第 715 条第 2 项，① 因其是 K 仓库的代理监督者，其个人责任被追及也具有法律依据。最后，对于致害物质 PCB 的制造销售业者——钟渊化学工业，诸判决认为，考虑到保证食品绝对安全的必要性，钟渊化学工业将 PCB 作为热媒体予以推销的行为具有过错，其只有证明对于 PCB 的危险性完全不可能预见或者对于其危险性进行了正确的提示与警告才可免责。因而对于钟渊化学工业的责任追究与 K 仓库具有一致性，过错的证明责任事实上转移到了加害者一侧，缓解了受害者一方举证的困难。随着科技的不断发展，该方式无疑对新制品的研发造成重大损害结果时损害赔偿责任如何认定具有方向性的意义。

（1）K 仓库过错的判断。

原告主张，由于食品制造业者负有保证其食品绝对安全的注意义务，因而在食品造成损害时食品制造业者的过错得以当然的推定。就本事件而言，K 仓库注意义务的违反主要体现以下两点：首先，K 仓库在

---

① 日本《民法》第 715 条第 1 项规定，提供劳务的一方因劳务造成他人损害的，由接受劳务一方承担侵权责任。但是若接受劳务一方对提供劳务一方的选任及其劳务执行尽到了相当的注意义务或者即便尽到注意义务损害仍会发生的，其免于承担损害赔偿责任。该条第 2 项规定事业监督者对此同样适用。

未对 PCB 的毒性进行充分调查研究的基础上即认定 PCB 不具有毒性而
持续使用。其次，K 仓库在未采取任何避免 PCB 混入食用油的保障措
施的情况下即将 PCB 作为食用油脱臭工程中的热媒体使用。因此 K 仓
库将 PCB 作为热媒体予以利用并精制食用油的行为本身即存在重大过
错。对此，K 仓库辩称，PCB 物质具有未知性，一般使用者对其有害性
无从得知。而且向食品业界提供 PCB 的钟渊化学工业隐匿了其有害性，
钟渊化学在本次事故中负有损害赔偿责任。

判决认为，在当今食品作为商品被大量工业化生产的背景下，存有
安全瑕疵的食品在市场的介入下可能会造成难以估量的恶劣后果，进而
发展至严重的社会问题。因而食品制造者在确保食品安全性上负有更高
程度并且严格的注意义务。对于因销售前既已存在的瑕疵而危及人体健
康的食品，即便制造业者主张对于瑕疵的发现方法或者防止措施当时并
不存在，其过错仍在很大程度上得以推定，除非该制造者能够证明即便
尽到了高度严格的注意义务仍对损害不具有预见可能性。①

（2）钟渊化学工业过错的判断。

对于钟渊化学工业的责任，原告认为其在三个方面存在过错。第
一，在 PCB 的毒性以及对人体的有害性尚不为公众所知的情况下明知
其特性而予以制造销售。第二，将 PCB 作为食品工业的热媒体向食品
制造业者推销。第三，在销售 PCB 时向购买者提供了与其毒性和金属

---

① 淡路刚久教授认为，尽管判决在认定食品制造业者是否具有过错时，以事实上的瑕疵
推定过错的方式比机械适用 709 条即损害者必须要对制造业者的过错进行证明的方式具有明显
的进步性，然而其仍存在一定的问题。如果制造业者能够证明对于瑕疵不具有预见可能性，对
于过错的推定即被推翻。当然判断是否具有预见可能性，通常要对食品制造者本身被课以的高
度并且严格的注意义务予以考虑，该推定不会轻易被推翻。但是如若被推翻，由与该制造过程
完全无关的消费者承担食品制造者对瑕疵预见不可能的危险，显然缺乏合理性。另外，制造业
者在诉讼中证明其不具有预见可能性时，被损害者相应需对存在预见可能性这一事实进行积极
的举证，其举证负担并未减轻。以上对被侵权人的不利后果均是由于判断过错时以预见可能性
为基础要素加以考虑所导致的。因而淡路刚久教授提出，过错是对结果回避义务的违反，结果
回避义务的内容取决于对被侵害利益的种类、性质与侵害行为形态所进行的衡量。预见可能性
并不是结果回避义务不可或缺的前提，而仅是在某些场合下作为过错的要素而存在。就制造物
责任而言，鉴于食品对人类生命的维持具有不言自明的重要性以及食品安全性的瑕疵对生命、
健康的重大危险性，食品制造相关行业者负有保证食品安全性无任何瑕疵的义务。因而只要食
品存在瑕疵，即认定过错的存在，是否具有预见可能性在所不问。尤其考虑到当今多数食品公
害均是由危险性尚未明确的合成化学物质或者新装置的使用导致，追究责任时对于预见可能性
的要求会导致对致害企业的放任。

腐蚀性不相符的错误信息。被告辩称，PCB 本身不具有危险性并且根据 PCB 的性质，其作为食品工业中的热媒体使用亦并无不可。本事件中严重损害结果的产生原因在于 K 仓库工作人员因过错将 PCB 混入食用油后加工销售的行为。

判决首先否定了原告主张的钟渊化学工业制造销售 PCB 行为的过错。PCB 虽然可能对人体产生危险，但是若能对潜在的危险具有高度警惕而在使用形态或者利用方法上采取充分的安全措施，管理、控制以及防止危险是可能的，因而不能仅以制造销售 PCB 的行为即认定钟渊化学工业存在过错。其次，判决认为确保食品安全性不仅要求最后环节的食品制造业者具有高度的注意义务，对于制造过程其他环节中可能致使食品存有安全性瑕疵的原料、装置等，其提供者亦负有安全确保义务。就本事件而言，首先，钟渊化学工业对于 PCB 的毒性以及金属腐蚀性具有完全的认识可能性，至少是存在认识可能的。其次，在 PCB 作为食品工业的热媒体使用的情况下，PCB 与食用油制造管道仅有数厘米之隔，钟渊化学工业对该安全隐患亦具有预见可能性。因而钟渊化学工业对将 PCB 作为食品工业热媒体使用的 K 仓库负有说明 PCB 的毒性、金属腐蚀性等的义务以及提示其采取预防措施避免 PCB 混入食品的警告义务。正是其怠于指示与警告的行为导致了 K 仓库在处理环节的疏忽，其过错与 K 仓库的过错具有整体的连续性。除非钟渊化学工业能够证明将 PCB 作为热媒体推销时对于 PCB 的危险性完全不具备预见可能性，否则其过错得以推定。

2. 企业侵权责任认定的逆转

对于 K 仓库的责任，1986 年福冈高等裁判所的判决与此前判决一致，持肯定立场：制造销售米糠油的 K 仓库，负有预防其产品对人体产生损害的高度注意义务，其制造销售行为违背该义务进而造成了重大损害后果。首先，在制造过程中其有义务采取完备的预防措施以避免在食品中混入对人体有害的 PCB，然而其并未进行任何有效的预防；其次，在发现 PCB 混入的事实后 K 仓库应当立即废弃污染油，至少应采取相应手段彻底去除 PCB 以确保其提供给消费者的制品油不含有该物质。然而 K 仓库的工作人员在发现混入的事实后仅是对污染油进行了再脱臭的操作后即予销售，并未检查制品油是否仍含有 PCB。①

　　然而对于钟渊化学工业致害责任的认定，与之前判决中表现出的积极态度不同，福冈高等裁判所的判决颇为消极。而且从该判决开始，审判实务在认定钟渊化学工业的致害责任时均呈现出了否定的倾向。认定依据的转变主要为以下两个方面：

　　(1) 对于 PCB 毒性的预见可能性。

　　之前的判决认为，钟渊化学工业作为在日本率先生产 PCB 的企业，将 PCB 作为食品工业的热媒体向食品制造业者提供时，对于其是否具有危险性负有高度的注意义务。而且，其能够通过动物实验或者委托其他研究机关进行实验的方式确认 PCB 是否具有毒性以及对生物体产生何种作用，对于 PCB 毒性具有预见可能性。然而本判决在钟渊化学工业对 PCB 毒性的调查义务上未做任何要求。判决认为，对 PCB 毒性的调查研究只能基于现有知识进行，但在当时的科学技术水平下，PCB 的安全隐患无任何表征，也就无法成为钟渊化学工业的调查研究对象，因而其并未违反调查义务，对于 PCB 的严重危险性也不具备认识可能性。

　　(2) 提示、警告义务。

　　之前的判决均认为钟渊化学工业因对 PCB 使用者信息提供不完全而具有可归责性。首先，在 PCB 的使用说明中，其对 PCB 的毒性以及金属腐蚀性未予客观评价，不能充分引起使用者的高度注意。其次，钟渊化学工业在销售之际对于 PCB 毒性的说明，加深了使用者对于 PCB 无毒性以及不产生使用危险的认识，进而招致了 K 仓库在使用上的随意。然而本判决认为，在钟渊化学工业对 PCB 的使用予以说明之时，PCB 通常被认为是一种低毒、无金属腐蚀性、相对安全的合成化学物质，其使用说明乃是对该一般认识的基本反映；况且 K 仓库作为食用油制造业者，将食品添加物以外的任何化学合成品加入食用油后进行销售都是不被允许的，不论该化学合成品是否具有毒性，因此在使用说明中毒性的表示并非必要构成。故而钟渊化学工业的信息提供并无任何不当，其已尽到必要限度的注意义务。另外，PCB 气味具有刺激性，混入食用油后 K 仓库是能够发现的，其之后的处理方式存在重大过错，既

123

　　① 泽井裕. 食品公害と裁判——カネミ油症控訴審判決を考える 2［J］. 法律時報，1986 (58).

而导致了本次事件的大规模损害后果。K 仓库将混入 280 千克 PCB 的污染油进行再脱臭后未确认 PCB 是否已完全去除即予销售，作为食品制造业者此乃严重缺乏常识的重大违法行为，与钟渊化学工业未尽提示、警告义务无关。

发生逆转的原因在于，在追究开发、制造新合成化学物质企业的责任上，思考方式发生了改变。之前的判决认为开发、制造新化学物质的企业，在该化学物质的安全性无法确认的情况下，不应对其加以销售。尤其在可能对人体造成重大损害的食品工业领域，其推销行为严重违背了注意义务。然而在全国民事诉讼第二阵的二审判决中，该思考方式被彻底颠覆。在合成化学物质的安全性上，企业的义务基准得到了极大程度的缓和，作为为食品工业提供热媒体的钟渊化学工业仅负有相对的安全保障义务。更深层次的原因在于，在工业发展与消费者权益保障之间何者予以优先考虑的立场发生了改变。对相关企业课以较高程度的注意义务，虽然对消费者权益保护更为周全，却挫伤了企业生产的积极性，尤其在新物质的开发过程中，其安全性往往不能得到完全确定，囿于该义务基准企业生产可能面临停滞的危险；然而，如若对相关企业仅课以一般的注意义务，则会诱发对消费者不利的危险因子，使其处于救济不完全的困境。判决的逆转正是在两种截然不同的立场之间利益抉择的结果。

6.2.3 救济的缺陷

自 1986 年福冈高等裁判所否定了钟渊化学工业的损害赔偿责任后，之后的判决亦采取了相同的立场，油症患者以民事诉讼谋求救济的方式受到了很大限制。为了提升救济水平，以救济所有油症患者为目的的《油症损害者救济法》于 2012 年 9 月施行。该法对于医疗费支付的援助、患者健康状态的把握、调查研究的促进、医疗体制与情报收集提供机制的确保等进行了相应规定，其中最大的突破之处在于油症患者诊断标准的修正，即与油症患者同食同住的家庭成员在相应症状出现时也可得到认定。尽管因此全国有接近 200 名的油症患者得到认定，但是根据 2008 年新油症诉讼的判决，新认定患者仍不享有损害赔偿请求权。此外，该法主要是宏观层面的方针，无明确具体的救济对策，致使油症患者仍陷入救济不足的窘境。

同样是大规模食品安全事故，"森永毒奶粉事件"① 的救济水准则相对较高。② 究其原因，除了其损害规模不及"米糠油事件"这一因素外，还在于森永乳业是大型企业，基于社会影响的考虑，对受害者的认定较为宽松；此外，森永乳业具有雄厚的经济基础，能够确保损害赔偿金的持续支付。另外，受损害者一方有专家集团援助，维权有一定的智力支持。相比之下，"米糠油事件"的现实救济却显著不足。造成这一结果的原因，既有企业的因素，又有制度层面的因素。

1. 责任企业的给付能力

尽管 K 仓库在"米糠油事件"中损害赔偿责任明确，在油症诉讼中一直败诉，但是至今尚未完全履行支付高额损害赔偿金的义务。造成这一结果的原因在于，K 仓库主张其属中小规模企业，一年销售额仅 15 亿日元且长期赤字经营，资金匮乏。若损害赔偿金的支付被强制执行，其将面临破产的结果，对患者医疗费的长期支付也将落空。为此，在油症的治疗上承受巨大经济压力的患者不得不对 K 仓库的破产有所顾虑。在 1987 年原告与 K 仓库进行和解的过程中，原告对支付赔偿金与支付医疗费进行权衡后与 K 仓库达成了如下和解内容：对于应支付原告的 500 万日元的债务不再申请法院强制执行，作为交换，K 仓库保证医疗费的持续支付。也就是说在该和解中，医疗费的支付原本是 K 仓库作为侵权企业应当履行的损害赔偿责任，却演变为默认 K 仓库债务不履行的交换条件。因而在公力补偿制度缺失的情况下，患者损害的经济填补只能完全依赖致害企业的给付状况，为 K 仓库的支付能力所左右。

2. 大规模食品侵权救济制度上的空白

正如前述，大规模食品安全事故在日本并不属于狭义的公害，不能适用《公害健康被害补偿法》，而将其视为单纯的食物中毒事件，《食

---

① 1955 年森永乳业德岛工厂出售的奶粉中混入砷化合物，婴儿服用后发生砷中毒现象，出现发烧、咳嗽、水样或血性腹泻、皮肤色素沉着、肝肿大、贫血等症状，且有大量死亡病例。

② "森永毒奶粉事件"中，厚生劳动省、森永乳业、被侵权者进行了三方会谈。森永乳业全面承认其在该事件中的责任，向被侵权者致歉，并承诺承担救济被侵权者所需费用由其全部承担。

品卫生法》又无法对被侵权者予以充分的救济。况且，本次事件亦未被作为食物中毒事件对待：通常在食物中毒事件中，摄取问题食品者无论出现何种症状均可获得救济，然而本次事件中同食同宿的家庭成员中出现了认定患者与未认定患者的区分。面对"米糠油事件"中被侵权者的救济陷入无法可依的境况，厚生劳动省的态度却是：该事件因致害者明确，国家若予公费救济则违背了原因者负担的原则，故而对患者救济的不完全采取了放任的态度。①

近年食品侵权行为愈加复杂化：生产主体不仅有实力雄厚的大型企业，也有长期赤字经营的小型作坊；生产对象不仅包括食品本身及其外包装，也包括食品添加剂等化学物质；销售链条中不仅有食品销售者的参与，也有食品运输者的配合。诸种因素的共同作用使食品公害既可能是机械生产所致，也可能是人工加工所致；危险的产生既可能源于食品添加剂的致害，也可能出自食品包装的破坏。而食品与人类的日常生活密不可分，食品的摄入是生命维持的必需。因而损害风险极易被诱发的食品公害对人类的破坏力是巨大的，救济制度的创设具有现实的紧迫性。针对制度缺失的立法现实，当局曾经采取了一些进步性的举措：1969年厚生劳动大臣齐藤昇向国会提出了在大规模食品侵权的救济方面制定与《公害健康被害补偿法》相类似的特别法；1973年厚生劳动大臣齐藤邦吉也提议制定相关的特别法或深化对疑难病症的探讨。然而无论是制度的重建构想还是阶段性的实施计划，最终都未实现。而诉讼一派与诉讼外和解一派的分裂、支援油症患者的专家组织的缺失致使油症患者在病痛的折磨与生活的重压下举步维艰。

6.3　食品公害救济基金制度的创设构想

油症判决关于致害企业损害赔偿责任的认定，尽管对过错责任要件进行了一定程度的缓和，即食品具有危害人体生命、健康的瑕疵时，仅

① 尽管在该事件中国家未直接救助被侵权者，但是为了油症诊断基准的设立，国家拨付了28亿日元对油症研究班的研究给予支持。对此存在一种解读：相比损害实态的调查与原因的追究，国家对社会不安的缓解予以优先考虑，通过提高患者认定标准从而减少认定的数量可以达到粉饰事态的效果。

以此事实即可在很大程度上推定该制造业者的过错，除非食品制造业者能够证明即使履行了高度并且严格的注意义务仍不能预见该瑕疵，然而其归责原则毕竟仍是过错责任，一旦食品制造业者能够证明不存在预见可能性，损害赔偿责任则不予认定。相比之下，1995 年 7 月施行的《制造物责任法》在侵权责任的认定上采取无过错责任，具有显著的进步性。即便如此，《制造物责任法》在油症患者的救济上仍有力所不及之处。原因在于《制造物责任法》第 4 条规定，制造业者在以下两种情况下可予免责：第一，制造业者在交付产品时根据当时的科学、技术相关知识无法预见到该制造物缺陷的存在；第二，该制造物被作为其他制造物的部件或者原材料予以使用时，缺陷完全是由于其他制造物的设计不合理导致并且制造业者对于缺陷无任何过错。基于该免责事由的规定，K 仓库以及钟渊化学工业如果能够证明在当时的科学技术条件下其对于 PCB 混入米糠油中、PCB 在加热处理后发生变质不具有认识可能性即免于承担损害赔偿责任，抑或 K 仓库能够证明米糠油产生损害是由于 PCB 作为热媒体具有设计缺陷并且对此其并无过错，则也可免责。

　　当然，即便认定了致害企业的损害赔偿责任，在致害企业不具有赔偿能力的情况下，判决仍几近"一纸空文"。正如"米糠油事件"所示，尽管历次判决都对 K 仓库的损害赔偿责任予以承认，但基于 K 仓库资金不足的现状，损害只能得到部分填补。另外，由于食品制造环节的多样性与复杂性，食品损害出现后通常并不能即刻"锁定"原因者，责任者难以特定亦是不可回避的难题。因而在以风险的社会分担取代原因者自负其责的思路下，基金的设立进入损害救济的视野。

6.3.1　建立基金制度的必要性

　　在油症事件发生后不久，1973 年 4 月"对于食品事故被侵权者救济的制度化研究会"即在厚生省科学研究费补助金的基础上建立，围绕如何对大规模食品安全事故中被侵权者给予妥当的救济进行了探讨并发布了研究报告。1974 年 4 月，日本律师联合会以"食品安全确保与食品事故被侵权者救济制度"为主题进行研究，5 月 7 日在对研究报告探讨后制作并发表了意见书，其中重点提及基金制度建立的必

要性：①

首先，食品对于日常生活不可或缺，每个人都不可避免地消费食品，故被侵害的主体具有不特定性，任何人均可能成为恶性食品侵权事件的"牺牲者"，而食品安全事故一旦发生往往会造成对被侵权人生命权、健康权的严重损害，救济的紧迫性极为突出。在个体体质不同的情况下症状表现与潜伏期长短又存在很大区别，救济的难度进一步加大。

其次，在食品生产高度工业化的背景下，食品的制造过程复杂，对于事故原因的把握极为困难，责任者的特定并非易事；而食品在大范围的流通致使损害呈现大规模化的特征，损害范围难以确定，赔偿数额不易量化，救济问题处理失衡极易滋生社会问题。然而，就现存的救济方式——民事诉讼而言，尚不论被侵权者高额诉讼费用的承担，在因果关系、过错的证明上即要耗费大量时间，救济的高效性很难确保。而且通过民事诉讼获取救济，仍要受到诉讼时效的限制，若损害结果经历很长时间才显示出来，民事诉讼救济则名存实亡。即便在被侵权者胜诉的情况下，若食品关联营业者缺乏负担能力，仍无法对损害施以圆满的救济。并且从"米糠油事件"可以看出，国家通过对资金不足的企业进行经济支援从而对被侵权者予以间接救济的方式也是失败的。

故而通过救济资金的预先储备使相关行业主体分散损失的基金制度是救济日本食品公害有效且合理的制度。食品公害领域的损害赔偿社会化，既弥补了矫正正义理念在调整该侵权关系时有所"失灵"的缺陷，又彰显了风险大规模蔓延的背景下社会成员间合作共济的共同体精神。基金机制跳出了传统民事救济方式的窠臼，使加害人即便存在无力赔偿、免责或破产的情形时被侵权人仍能够及时得到充足的救济，消除了其受偿不能的困境；另外，由相关企业承担基金的出资，体现了"原因者负担"的原则，使侵权行为法的赔偿与抑制机能也得到了一定的发挥。

6.3.2　基金的救济对象

就现有科技水平而言，某些物质进入人体后的致害路径尚不能明

① 吉野高幸. 食品公害と損害者救済制度［J］. 自由と正義, 1982（33）.

确，食品安全具有相对确定性。因而在大规模食品安全事故发生时，基金应尽可能对被侵权者进行救济。救济制度的对象即食品事故，无论是化学物质引发的食品事故，还是非化学物质抑或是原因不明的物质引发的食品事故，只要造成了死亡或者难以治愈的疾病，都应成为救济的对象。^① 当然，如果将所有的食品事故或者食物中毒事件均作为救济对象，救济业务量未免过于庞大，基金在现实中的运作将不具有可能性，因而基金的救济对象可予以适当限缩。比如在规模较小的餐饮店发生的食物中毒事件，被侵权人即便得不到基金制度的救济，还可以通过民事诉讼或者民间保险制度填补损害，因而没有必要将此类事件纳入基金的救济范围。

6.3.3　基金的初步设计

　　日本律师联合会认为救济制度的确立若造成了加害者责任的分散或者减轻，则极有可能助长新的食品安全事故的发生，从长远来看，对于食品消费者的权益维护具有负面作用。因而食品安全事故基金不仅应着眼于被侵权人的救济，而且应当通过对食品制造者收缴一定费用，尤其是对致害食品制造者收缴附加金额以实现抑制食品安全事故的效果。食品生产经营者作为首要责任人每年按照一定的标准向基金缴纳费用，由其作为基金的缴纳主体，既源于事故救济之需要，又出于社会责任之要求。缴纳义务者有以下三类：第一，食品、食品容器、食品制造机器的制造、销售、保管、运输相关主体。其中食品制造业、销售业、处理业以及其他业者限于《食品卫生法》许可经营的业者。第二，曾制造、销售、保管、运输重大安全瑕疵食品的业者。其在一般缴纳的基础上，还须进行额外的缴纳。第三，制造、销售、保管、运输食品添加物或者在食品加工过程中被使用物质的业者。

　　就被侵权人救济而言，大规模食品安全事故发生后，对于被侵权人应进行公正并且迅速的认定。为此有必要进行一般认定与个别认定的区分，前者由厚生大臣设立中央认定审查会以确立一般的标准，后者在都道府县设置地方认定审查会，由都道府县知事进行。在责任者明确之

---

① 吉野高幸. 食品公害と損害者救済制度［J］. 自由と正義，1982（33）.

前，基金先行对被认定患者补偿，在明确加害企业的判决或者企业与被侵权者之间的补偿协议形成之后，该企业再将基金先予垫付的补偿金额予以返还。此外，基金的支付不应仅是一时性救济，而应在立足于完全救济被侵权人的基础上，对治疗方法的拓展、研究机关的设置、患者的康复教育、职业训练设施的充实等也给予经济支持。①

---

① 宇田和子. 食品損害と損害者救済——カネミ油症事件の損害と政策過程 [M]. 東京：東信堂，2015：269－273.

第 7 章　日本核公害救济制度

核电站的开发与建设始于 20 世纪 50 年代，自 1954 年苏联首创性地建成世界上第一座核电站起，人类即未停止探索核能的步伐。核产业不同于一般产业，其发展兼具正、负效应。随着化石燃料大量燃烧导致环境污染问题日益严重，人类开始致力于寻求后续的替代能源，而从半个世纪以来核能源的使用情况看，核电作为一种经济、可靠、清洁的新能源在保障全球能源安全、应对全球温室效应上发挥了积极的正面效应，有力地推动了现代文明的进步。但同时我们也不能忽视：核能源的使用亦造成了地区性乃至国际性的风险，核事故一旦发生即会造成人类生命健康、财产以及生存环境的重大破坏，酿成难以挽回的巨大损失，成为广义上的公害类型。

7.1　核　公　害

科学技术的发展使核能的开发与利用成为可能，但也给人类社会带来了空前的风险。核燃料生产厂、核反应堆等大型核设施一旦发生事故，轻者会导致核设施内工作人员受到放射损伤和放射性污染，重者会造成放射性物质的泄漏，从而致使不特定多数人的生命权、健康权、财产权被侵害，生态环境毁于一旦。根据国际原子能机构颁布的国际核事故分级标准，核事故分为七级，最低级别为一级核事故，最高级别为七级核事故。1986 年苏联发生的切尔诺贝利核电站事故即为七级核事故，切尔诺贝利核电站的剧烈爆炸导致了反应堆内的大量放射物质外泄，周边环境受到了严重污染，至今污染区域仍是一片"死城"。

进入 21 世纪，核事故在世界范围内仍旧呈现出了多发的态势：

2003 年 12 月韩国荣光核电厂 5 号机组发生核泄漏事故；2004 年 8 月日本中部福井县美滨核电站再次发生蒸汽泄漏事故；2005 年 5 月英国塞拉菲尔德核电站的热氧再处理电厂发生放射性液体泄漏事故；2011 年 3 月日本福岛县第一和第二核电站发生核泄漏事故。而其中日本福岛县发生的核泄漏事故性质最为恶劣，无论受灾面积还是受灾人数在日本历史上都是绝无仅有的。就受灾面积而言，原则上不允许外人进入的避难警戒区域和避难计划区域达到 800 平方千米，核辐射水平比较高的区域亦足有 500 平方千米；就受灾人数而言，不只是避难区域的 9 万居民深受该事故影响，核辐射水平较高区域的 100 万以上的居民亦被累及。① 此外，约 8000 家企业受到了核事故的影响，有近半数受到重创几近破产，其他企业亦面临巨大的经营危机。

在日本核电产业发展之初，为了减少来自外界的阻力，《原子能基本法》于 1955 年颁布。该法明确了日本核能开发与利用"仅限于和平目的"的基本方针，是关涉核能利用问题的根本法。此后，日本第一台核电机组于 1963 年投入运行。考虑到日后可能存在的核事故损害，为了保护公众利益与促进核能产业的长远发展，《原子能损害赔偿法》和《原子能损害赔偿补偿协议法》于 1961 年颁布，其中《原子能损害赔偿法》是核事故损害赔偿的基本法，对于归责原则进行了详细规定，而《原子能损害赔偿补偿协议法》则主要规定了损害赔偿额超过核设施营运者能够负担部分时国家如何补偿的问题。两部法律各有侧重，共同形成了日本的核损害救济制度体系。核公害尽管具备公害事件的共通性，即对不特定多数人造成大范围的损害，但由于其损害程度过于严重，对人类生存条件与环境施加的影响过于重大，所以其又兼有与其他公害类型所不同的自身独特性。基于此，如何对核公害进行最大限度的救济成为日本学术界与实务界共同关注的焦点。

7.2 侵权责任救济的特殊性

鉴于核公害的特殊性，其损害赔偿纠纷的处理不仅关系到个人利

---

① 小岛延夫. 福岛第一原子力発電所事故による被害とその法律問題 [J]. 法律時報，2011（83）.

益，甚至关乎国家、社会利益。纠纷的解决极可能引发"蝴蝶效应"：在个体性损害赔偿问题的处理上一旦有失妥当，社会的安定便会受到直接的影响。因此，归责原则的确立与损害计算方式的选择在核公害领域具有显著的重要意义。传统归责原则因无法妥当地贴合核公害性质而被核领域特有的归责原则所取代，形成了以无过错责任原则、无限责任原则、责任集中原则相配合的归责体系。而传统损害计算方式在核领域亦"捉襟见肘"，未能对核公害的大规模损害结果予以适切地考量，以恢复原状理念为基础的损害计算方式受到了重视。

7.2.1　归责原则的特殊性

既为了大力发展本国的核电产业，又为了充分救济核公害事件的受害者，日本形成了以无过错责任、无限责任与责任集中为原则的归责体系。

1. 无过错责任原则

《原子能损害赔偿法》第 3 条第 1 款规定："原子能反应堆的运行导致核事故的，与该原子能反应堆运行相关的核设施营运者应承担损害赔偿责任。"从该条款的规定来看，只要损害由原子能反应堆的运行所导致，无论核设施营运者是否存在主观故意或过失，均须承担损害赔偿责任。但同时日本《原子能损害赔偿法》第 3 条第 1 款后半段又规定了免责条款，即由"异常重大的自然灾害"或"社会动乱"造成的核损害，核设施营运者得以对此免除其损害赔偿责任。相反，如果不存在免责情形，核设施营运者即应承担损害赔偿责任。

2. 无限责任原则

所谓无限责任，是指核设施营运者对其所造成的损害承担一切责任，在赔偿额度上不做限制。通常而言，无过错责任与有限责任是紧密相连的，即责任主体在过错存在与否责任均被追究的情况下，赔偿数额通常存在一定的限制。然而，在日本核事故领域中核设施营运者不仅承担无过错责任，还须承担无限责任，此与国外立法在核事故领域推行有限责任的趋势是有所背离的。规定全额赔偿的原因大抵不过是考虑到核

133

事故造成的损害范围广泛且严重，此举既为了安抚社会大众对核电站建设的情绪，又为了敦促核设施营运者在业务过程中保持警惕。当然，在核设施营运者无法对损害予以全额赔偿时，日本政府将会进行必要的援助。不过，在核潜艇方面，为了协调国际间的相互通航和临时靠港，日本采取了与国外立法相一致的有限责任原则，即在 1971 年修改《原子能损害赔偿法》时将有限责任引入了核潜艇领域。

3. 责任集中原则

责任集中原则与无过错责任原则、无限责任原则相并列，是日本核事故领域又一重要原则。《原子能损害赔偿法》第 4 条第 1 款规定："对于本法第 3 条所规定的核损害，除核设施营运者之外，其他核设施、机器、核燃料的制造者或供应者等均不负赔偿责任。"该条即体现了责任集中原则，在损害赔偿责任的承担上仅限定于一个主体，与此相关的主体不承担任何责任。具体而言，该规定中的责任集中有两层含义：一是除核设施营运者之外，其他相关主体，比如核设施提供者，不承担损害赔偿责任；二是核设施营运者仅对《原子能损害赔偿法》所认定的"核损害"承担赔偿责任，不承担其他民事责任，这与产品责任领域中产品存在缺陷时追究生产者、销售者的损害赔偿责任存在显著不同。当然，责任集中原则并不是日本核事故领域所特有的原则，世界范围内许多国家的原子能损害赔偿制度或相关法律都采用了该原则，有些国家也称其为唯一责任原则。

在核事故领域对核设施营运者采用责任集中原则，主要是出于两方面的考虑：救济核事故受害者以及促进核能产业发展。就救济受害者而言，由于原子能的开发与利用专业性极强，而核事故的发生更是在各种不特定因素的综合作用下所导致，因而很难对核事故责任者进行确定。若核事故受害者在追究损害赔偿责任之际须查明核损害是由核设施营运者还是核设施、机器、核燃料的制造者或供应者造成，对于受害者而言未免过于严苛。就核能产业发展而言，若核设施、机器、核燃料的制造者或供应者在核事故发生后亦有可能成为损害赔偿责任主体，则其可能会考虑到产业风险而限制核设施、燃料的提供。日本政府为了大力发展本国的核能产业，减少核设施、燃料的外国供应商的顾虑，极力推行责任集中原则。

7.2.2　损害计算的特殊性

在传统的侵权类型中，由于损害类型简单且较易把握，损害计算方式尚不成为问题，但 2011 年日本福岛核事故却不可相提并论。本次核泄漏事故无论是损害程度还是损害规模都是空前的：就个体而言，受灾居民不仅面临传统意义上的权利侵害，由平稳生活权延伸出的整体生活利益均受到影响；就地域而言，不仅个人住所因被核污染而使用价值丧失，而且作为家乡组成要素的土地、景观、共同体等亦受到了大范围的侵害，恢复原状几无可能，因而日本学者发出了"家乡的丧失"的呼喊。面对如此长期、深刻、复杂的损害，损害项目的计算是采取个别计算方式还是累加计算方式，赔偿额度的确定是以侵权行为造成状态变化的差额为基础还是对损害的实际状态进行把握，都在很大程度上影响着损害赔偿的效果，损害计算方式的确立在本次事故中显示出极大的重要性。在日本的侵权责任领域，损害计算方式主要有两种：一是交通事故方式；二是公害方式。然而无论是交通事故损害还是公害、药害事件造成的损害都无法涵盖本次事故多样、复杂、长期的损害结果，故这两种理论能否应用于福岛核事故存在探讨的空间。

1. 交通事故方式

自 20 世纪 60 年代日本全面实行机动化后，交通事故频繁发生，损害赔偿诉讼大幅增加。为了尽快平息大量的损害赔偿纠纷，解决方式在实务中得以定型。该方式以人身损害赔偿为中心，将侵权行为导致的个体状态变化予以金钱衡量后的差额作为赔偿依据，并且区分不同的损害项目进行个别计算。损害项目的区分具体分为财产方面与精神方面，而财产损害又分为实际支出的积极损害与丧失应得利益（逸失利益）的消极损害。财产损害与精神损害在赔偿数额上有所区别，对于能够证明损害数额的财产损害，原则上对证明数额进行损害赔偿；对于无法证明损害数额的精神损害，则采取定额的基准。[①] 这种损害计算方式被称为交通事故方式或者个别的损害方式，并在其他侵权类型中予以沿用，长

---

① 潮見佳男. 債権各論 II ［M］. 東京：新世社，2016：63.

期被奉为侵权责任领域的赔偿典范。

在交通事故侵权频繁发生的背景下，实费主义基础上的个别计算方式使赔偿数额的计算直观明确，在形式上彰显出合理性与客观性而易于被当事者接受，保证了救济的高效性。同时该方式因定型化适用也便于法官掌握，甚至在交通事故以外的侵权类型上亦有适用空间。然而，该方式也有不可回避的缺陷。首先，以侵权事实发生前的收入水平计算赔偿数额的做法会导致即便在同一交通事故中受到近乎相同的人身损害，高收入者获得的损害赔偿会明显多于低收入者，该赔偿差距的公平性受到拷问。同样，未成年人在交通事故侵权发生前无收入而按照社会平均工资水平获得损害赔偿，① 一般劳动者则只能根据现实收入水平计算逸失利益，两者之间确也不无矛盾。其次，该方式虽然尽可能在实费主义基础上算定赔偿数额，但是在计算逸失利益中的未来部分时，以目前的收入水平等同于未来收入水平的依据却是缺失的。最后，对损害项目进行个别计算的方式也会造成在某些情况下被侵害的法益未能得到全面而妥帖的保护。损害项目中所无法涵盖的法益，比如被侵权者的生活利益，最终只能通过精神损害赔偿的补充机能②予以保护。因而有观点指出，传统的个别计算方式看似客观且合理，但实际上其固有缺陷只是通过精神损害赔偿的补充机能予以修补，在损害赔偿总额上谋求社会妥当性。③

2. 公害方式

从 20 世纪 50 年代开始，关乎群体性生命健康的公害事件陆续发生，极大地威胁着人类的生存与发展。与交通事故侵权不同，这类事件涉及不特定多数人，侵害范围广泛，损害结果严重，并且损害结果的构成要素之间存在很强的关联性。故而在损害计算时适用交通事故损害赔

---

① 在日本，通说认为，在个别算定逸失利益时，对于幼儿、少年、学生、专职主妇等虽然并无具体的个人固有收入可作参照，但是可以一般劳动者在可能的工作期间（原则上至 67 周岁）内的平均工资水平作为基准。

② 在日本，对于侵权行为导致的精神损害，其赔偿数额取决于法官的自由裁量。在某些情况下，尽管原告未能对财产损害进行成功的举证，但是法官若认为原告未获得任何财产损害赔偿过于残酷，其可在决定精神损害赔偿数额时将金额予以增加。因而精神损害赔偿不仅具有填补精神痛苦的机能（损害填补机能），也具有对财产损害予以补充的机能（补充的机能）。

③ 吉村良一. 市民法と不法行為法の理論［M］. 東京：日本評論社，2016：360 – 361.

偿方式即对损害项目个别化处理，不仅不现实，而且会造成损害赔偿的拖沓进而降低救济效果。于是新的损害计算方式——公害方式应运而生。在熊本水俣病诉讼中，原告主张在界定损害时将其遭受的社会的、经济的、精神的损害予以综合考量，将被破坏的家庭、外部环境连同荒废的地域社会均纳入恢复原状的视野；在新潟水俣病诉讼中，出现了在生命权、健康权被侵害时赔偿数额的计算应将财产损害、精神损害作为一个整体进行考虑的观点。公害方式正是在这种"包括请求论"的基础上将被侵权者遭受的各种损害、不利益总括起来进行损害界定。该理论在之后发生的斯蒙病等药害事件中得到了进一步的发展。①

日本民法中损害赔偿的目的在于恢复原状，② "包括请求论"正是立足于这一理念试图对损害予以完全的救济。"包括请求论"可以从两个维度进行考察：一是损害把握的思考路径；二是损害计算的具体方式。从以往的公害诉讼实践来看，"包括请求论"的适用主要体现在损害计算的具体方式上，即将人身损害作为非财产性损害整体把握，并不进行各损害项目的分割，同时不将逸失利益作为个别损害评价的对象，即对于被侵权者之间逸失利益的差距不做特殊考虑而给予相同数额的赔偿。当然被侵权个体生命、健康被侵害的程度不同，赔偿总额会有所区别。该方式中被侵权人不需要对具体的损害项目进行逐一的举证，举证责任被弱化，同时避免了双方当事人在具体损害项目是否要赔付上所引发的分歧，法院的审理得以简化，诉讼迟延在很大程度上得以缓解。并且对于更为复杂的侵权类型，该方式对交通事故方式所无法囊括的被侵害法益亦予以考虑，使得损害赔偿更加全面妥当。此外以包括的方式进行相同数额的赔偿也消除了被侵权者间因收入水平的差异而产生的赔偿数额差距，公平性问题得到解决。

3. 福岛核事故的损害计算

福岛核事故造成的损害，牵涉之广泛、规模之巨大、时间之持久、

---

① 对于在公害诉讼中原告提出的综合把握损害结果的主张，最初判决只是以增加精神损害赔偿数额的方式予以承认，在之后斯蒙病药害诉讼中这种主张得到了正面的肯定。

② 在日本民法中，恢复原状（原状回复）即为将侵权行为发生后法律或者事实上的状态恢复至该行为发生前的态样。尽管恢复原状的理念在民法中得到肯定，但是日本学者通常认为在金钱赔偿的原则下恢复原状的效果仅于个别情况才可实现，比如通过消除影响使被侵害的名誉权得到恢复。

后果之严重，对于日本社会而言可谓空前。然而，本次事故中的损害结果，既有基于被侵权者个体差异的个别损害类型，又有被侵权者作为群体而一致具有的损害类型，损害的评价极为复杂。无论是适用交通事故方式，还是适用公害方式，对本事故的损害把握都难免有失妥当。

（1）交通事故方式的适用局限。

交通事故方式中对损害结果予以个别性评价的依据在于损害项目是可分的，然而在对本事故中的损害项目进行解析之后发现，各损害项目并非独立的存在，彼此间往往有所关联且互相影响。因而对于适用交通事故方式导致的法益保护的不周全，日本很多学者主张对于本次事故损害的把握应以"家乡的丧失"为视角，不应仅局限于个体法益遭受的侵害。[1] 具体而言，本次事故不仅使土地、房屋受到了核污染，使用价值消失殆尽，长期避难生活也使得本地区的居民被迫离散，家庭内部对于未来生活的规划——返回原先居住地还是在新地域开展生活存有很大分歧，地域共同体面临存续危机。虽然因清理核事故现场人口会再次流入，但居民的更迭使得原有共同体已不复存在。此外，在本次事故中，对平稳生活权的侵害亦受到了很大的关注。特别是对于避难者而言，避难生活导致生活基础被彻底剥夺，作为支撑居民生存的共同体受到了前所未有的破坏，居民的生存面临危机。由此可见，计算本事故的损害时交通事故方式无法对生活利益的侵害进行全面考量，存在割裂损害结果内在联系之虞。

（2）公害方式的适用探讨。

对于本事故的救济，交通事故方式已然无法自洽，公害方式能够在何种程度上得以适用便具有不言自明的重要性。在生命权、健康权被侵害的情况下，由于该权利为个体平等享有，在赔偿数额上加以区别乃是对权利平等性的违背，因而在生命权、健康权屡被侵害的食品公害、医药品公害事件中公害方式的适用具有妥当性。另外在把握复杂多样而相互牵连的损害项目时，公害方式比交通事故方式更易贴合损害事实原貌而进行充分救济。然而本事故中亦存在公害方式力所不及的损害因素，比如对于个人生存具有重要价值的住宅以及家庭财物在核污染的影响下使用价值的丧失。与生命权、健康权被侵害不同，其具有明显的个体属

---

[1]　除本理史．ふるさとの喪失」被害とその救済 [J]．法律時報，2014（86）．

性，存在被区别计算的可能性。忽视能够个别化计算的损害项目，而一概采用包括请求方式，反而会妨碍对本次事故中损害总体的把握，造成救济不完全的后果。因而吉村良一教授认为，在本次事故中应将损害进行项目化计算，比如将财产损害与精神损害进行区分，在财产损害部分将支出费用、逸失利益以及其他与生产、生活相关的损害进行整理，对于每一部分具体的数额进行个别算定。①

　　尽管公害方式中的"包括请求论"对于本次事故损害计算具有重要的指导意义，即对于公害的损害结果应进行包括的、整体的把握，然而本次事故与其他公害类型存在很大的不同。其不同之处在于：虽然同样出现了人身损害，但是对个人生存或者生活具有重要价值的其他法益亦受到了严重侵害，而这部分法益存在个别计算的可能性。当然即便对损害项目进行个别的整理计算，亦不能局限于个费主义而应灵活地予以抽象把握，即在计算过程中仍要考虑"包括请求论"所倡导的恢复原状理念。值得注意的是，本事故虽然存在对于某些损害项目进行个别计算的可能性，但是由于各个损害项目之间是相互联系的，所以即使对个别的损害项目进行了适当的赔偿也并不意味着损害赔偿在总体上即可谓适当。在总体评价失衡的情况下，可以发挥精神损害赔偿的补充、调整机能，即对某些无法被损害项目所涵盖的内容通过增加精神损害赔偿的数额来调整损害赔偿总额。尽管在精神损害赔偿的框架下对救济不足的财产性损害项目进行补充救济并不切合损害名目，但考虑到其确实的救济效果，理论界以及实务界均对此予以了肯定。②

7.3　ADR 的适用

　　在应对本次福岛核事故的迫切救济需求时，侵权责任救济方式明显"力有不支"：由于福岛核事故性质过于恶劣、影响范围过于广泛，与损害事实关涉的法律关系与事实关系过于错综复杂，因而不仅原告对于损害结果、因果关系的举证需要花费大量的时间，法院对于损害事实的

① 吉村良一. 福島第一原発事故被害賠償をめぐる法的課題［J］. 法律時報，2014（86）.

② 吉村良一. 市民法と不法行為法の理論［M］. 東京：日本評論社，2016：370.

139

全面把握以及严格论证亦要消耗大量的时间成本。自 2012 年 12 月核事故受害者向福岛地方裁判所提起的以东京电力公司为被告的损害赔偿诉讼开始，围绕福岛核事故损害赔偿的集团诉讼案件在不断增加，原告已升至近一万人，然而判决至今寥寥无几。① 与药品公害、食品公害等公害事件类似，侵权责任救济方式在本次核事故救济中同样暴露出了缓不济急的缺陷，人们纷纷在该方式之外探索新的救济路径，其中 ADR 机制得到了广泛应用。美国前首席大法官沃伦·伯格（Warren Earl Burger）说："我们能够提供一种机制，使争议双方在花钱少、精神压力小、比较短的时间内获得一个可以接受的解决结果，这就是正义。"② 福岛核事故诉讼的久拖不决使受害群体渴求的正义迟迟得不到满足，由中立的第三方——ADR 机关主导的程序以其灵活的适用在非诉纷争的解决上受到了极高的重视。

7.3.1　ADR 机关的设立

在 1999 年日本临界事故的刺激下，日本当局对核事故损害赔偿问题日益重视，于当年 10 月 22 日设立了原子力损害赔偿纷争审查会。然而囿于当时《原子力损害赔偿法》仅赋予了审查会对核事故损害赔偿纠纷予以和解中介以及为此调查与评价的权限，该审查会对于损害赔偿事务发挥的作用极为有限。12 月 11 日，临界事故中核设施营运者单方制定了对己方明显有利的补偿方案以及基准，严重不符合核事故受害者的预期，因而由中立的第三者制定核事故损害赔偿基准成为受害者群体的一致诉求。在此背景下，《原子力损害赔偿法》于 2009 年进行了修

①　2017 年 3 月 17 日，日本前桥地方裁判所做出了日本国内第一例福岛核事故损害赔偿的集团诉讼判决。该判决肯定了日本政府以及东京电力公司的损害赔偿责任，但是对于原告提出的 15 亿日元的损害赔偿请求仅予以部分承认，赔偿数额最终限定为 3855 万日元。判决主要围绕日本政府与东京电力公司是否具有过错进行，最终认定二者均具有过错。判决指出，日本政府在 2002 年汇总的长期报告中已经认识到"包括福岛近海在内，未来 30 年内日本海沟附近发生里氏 8 级的海啸地震概率约为 20%"，因而对于作为本次事故诱因的巨大海啸具有预见可能性。并且其在 2007 年 8 月认识到东京电力公司难以采取应对海啸的有效措施时，怠于行使监管权限，"明显缺乏合理性，存在违法情况"。东京电力公司将经济利益凌驾于安全利益之上，疏于对应急发电柴油机的安全检查，因而亦具有过错。

②　张梓太. 环境纠纷处理前沿问题研究——中日韩学者谈 [M]. 北京：清华大学出版社，2007：295.

改，追加了原子力损害赔偿纷争审查会的权限，规定其有权判定核事故
中的损害范围并制定有助于当事人自主解决损害赔偿事务纷争的指导性
方针。① 此后，在福岛核事故中原子力损害赔偿纷争审查会保留了其制
定指导性方针的权限，将 ADR 事务专门移转至其下属的原子力损害赔
偿纷争解决中心。原子力损害赔偿纷争解决中心即作为 ADR 机关，自
2011 年 9 月始在受损主体与东京电力公司之间进行和解的中介。② 该中
心除在东京设置了事务所外，在福岛县也设置了福岛事务所以及其他四
个支所。

7.3.2　ADR 的运作概况

在福岛核事故的损害赔偿纠纷处理中，ADR 的启动并不复杂。受
损主体可以通过网络下载、申请 ADR 机关邮寄或现场领取的方式获得
申请书，在将申请书填写完毕后连同证据材料一并寄送至 ADR 东京事
务所或者亲自送达 ADR 机关。ADR 机关确认申请材料完备后即受理申
请，在一个月到一个半月之内其会以通知书的形式告知申请人担任和解
中介的中介委员以及负责与申请人联系的调查员的姓名。③ 在此期间
内，东京电力公司的答辩书也一并予以送达。根据需要，中介委员可以
选择面谈、电话、电视会议、书面等形式灵活开展和解事务，提出和解
方案。若方案被双方接受则和解成功，双方签订和解协议书，东京电力
公司向受损主体支付损害赔偿金。若和解失败，受损主体可以提起民事
诉讼，也可以补充请求内容与证据再次申请启动 ADR 程序。④

截至 2017 年 2 月 24 日，ADR 机关在福岛核事故损害赔偿事件上受

141

---

① 一桥大学環境法政策講座. 原子力損害賠償の現状と課題［M］. 東京：商事法務，
2015：116 - 117.

② 对于福岛核事故中 ADR 程序是调整型程序还是裁断型程序，理论界存在争议。尽管
ADR 机关仅仅是促成相关当事人和解协议的达成，并无强制约束力，然而 2012 年 5 月东京电
力公司为了能够得到政府的资金援助表示服从政府提出的《综合特别事业计划的概要》，其中
三条即为对和解方案的尊重。因而东京电力公司虽无接受和解方案的法律义务，但是实际上受
到了该方案的很大约束，近似于履行法律义务。因此，有观点认为福岛核事故中的 ADR 程序
实质上已从调整型转变为裁断型。

③ 在 ADR 程序中，担任和解中介的委员从原子力损害赔偿纷争审查会的委员或特别委
员中产生。

④ 豊永晋輔. 原子力損害賠償法［M］. 東京：信山社，2014：434.

理案件数为 21727 件，其中 19651 件得到解决，16255 件达成和解。①
ADR 机关以原子力损害赔偿纷争审查会的指导方针为基础，依据申请
人的个体状况、个别事实灵活提出和解方案。对于该处理结果，东京电
力公司虽然并无接受的法律义务，但是在多数情况下均被予以尊重并得
到贯彻执行。

　　然而不容忽视的是，本事故中 ADR 机制作为一种和解程序，认定
损害事实必然不及法院严格，赔偿范围的划定亦难免缺乏精密科学的论
证。此外，在日本的众多公害诉讼中，政府常成为被告，本次事件亦不
例外。但原子力损害赔偿纷争审查会作为日本政府设立的机关，由其划
定救济范围即相当于加害者判定自身责任，其中立性不免被质疑。而且
由于东京电力公司无力负担如此巨大的赔偿数额，政府需对其进行经济
支援，原子力损害赔偿纷争审查会提出的赔偿额度与国家的经济负担即
紧密相关，此对赔偿方案的制定亦有重大影响。因而原子力损害赔偿纷
争审查会的指导方针存在一些被诟病之处，比如损害项目的计算方式、
精神损害赔偿数额上限等。

　　ADR 机关作为原子力损害赔偿纷争审查会的下属机构，和解方案
在很大程度上受限于该指导方针，很难进行大幅度的突破。最为致命的
是，ADR 机关成立半年后，因申请案件数急速增长以及东京电力公司
在 ADR 程序中过于坚持自身标准、对于和解方案的意见答复迟延等原
因，ADR 程序出现经常性的拖沓：尽管按照规定 ADR 机关应在受理
申请案件后 3 个月内提出和解方案，4 个月内最终解决，但实际上平
均都要耗时 6 个月以上，招致了受损一方以及外界的强烈不满。为
此，ADR 机关在 2012 年 4 月 19 日制定了相关的解决方针，敦促东京
电力公司改善与当事人交涉的方式以及尊重指导方针制定的赔偿基
准，并且增加了 ADR 程序中介委员、调查员的人数。② 此外，为使程
序更加简单高效，在受理阶段依据案件的类型、损害事实的明确与否、
和解的难易程度对其进行适当划分，在和解成功后将 ADR 机关确立的
和解基准以及和解实例予以公告。尽管此后 ADR 机关在处理自发避难

---

① 文部科学省. 原子赔偿 [EB/OL]. http：//www. mext. go. jp/a_menu/genshi_baisho/jiko_
baisho/detail/1329118. html.

② 小岛延夫. 原子力损害赔偿纷争解决センターでの実务と被害救济 [J]. 環境と公
害，2013（43）.

者的损害赔偿手续上仍存在一定程度的迟延，但是相较于之前而言有了很大程度的改善。

7.3.3　ADR 的优越性

ADR 作为民事纠纷的一种解决方式，通常而言，其优于民事诉讼之处在于，谋求救济一方无论在时间成本还是金钱成本上代价都较低，举证负担较轻。并且当事者可以选择面谈、电话、书面等多种方式，程序何时开始也可以根据双方的意向确立，解决方式相对灵活。另外，由于法院不介入纠纷的解决，法院的案件负担也得到了缓解。①在本次事故中，相对于民事诉讼的久拖不决，ADR 的优越性得到了较大的彰显。在福岛核事故发生后不到半年的时间内，原子力损害赔偿纷争审查会即在第一次指导方针与第二次指导方针及追补的基础上公布了中间指导方针，规定了赔偿范围与赔偿数额的标准。赔偿对象包括核污染检查费用（人、物）、避难费用、一次性与永久性返回原住所产生的费用、生命健康损害费用、精神损害费用、劳动能力丧失损害费用、家庭财物损害费用、企业的经营损失、风评被害以及间接被害。② ADR 机关在损害赔偿费用的算定上采取了灵活高效的方式，在核事故发生后及时为受损主体注入生活资金，在填补其经济损失的同时还发挥了精神慰藉的积极效果。

1. 生活费增加部分的赔偿定额化

福岛核事故发生后，受损主体被迫在一时性费用（避难交通费、住宿费用、购买家具、日用品费用、教育相关费用等）与继续性费用（通信费、交通费、饮食费等）的开支方面有所增加。然而对于生活费增加部分的举证于受损主体而言并不容易，无论是整理大量的购物收据，还是在收据遗失的情况下通过出示相关记录或者物品照片予以证据补强，都要耗费大量的时间与精力。因而，ADR 机关不再对该证明资料进行要求，而是采取定额化的方式，对于生活费增加部分给予一次性

143

---

① 秋山直人. 原紛センターにおける賠償の現状と課題 [J]. 自由と正義, 2016（67）.
② 淡路剛久. 包括的生活利益としての平穏生活権」の侵害と損害 [J]. 法律時報, 2014（86）.

给付或者每月定额给付，从而既减轻了受损主体的举证负担，又提高了给付的效率。就目前而言，损害结果仍在扩大，ADR 机关此后可能对生活费增加部分加大赔偿力度，针对其是否将对现有被害者有失公平的质疑，有学者提出，可以情事变更为理由追加损害赔偿。①

2. 精神损害赔偿费用的适当增额化

对于原子力损害赔偿纷争审查会在指导方针中参照交通事故方式规定的每月 10 万日元的损害赔偿数额，受损主体普遍对该过低的数额有所排斥。为此 ADR 机关制定了总括基准予以部分调整：在受损主体符合基准中规定的需被看护而强制避难、家庭被迫分离等条件时对其予以个别化增额。通常是在原有数额的基础上增加 30% 即每月 13 万日元，若有重大事由则增加 50% ~ 60%。但是如若不符合基准中列举的条件，受损主体每月只能得到 10 万日元的精神损害赔偿费。此外，尽管原子力损害赔偿纷争审查会在指导方针中仅规定对避难者进行精神损害赔偿，ADR 机关却主张，无论是受灾地区滞留者还是避难后返回原住所者均仍因基础设施恶化而无法自由生活，其与避难者承受同等的精神痛苦，因而在和解方案中提出：对于滞留者（2011 年 4 月 22 日后）每月给予 10 万日元的精神损害赔偿。2011 年 10 月以后，每月给予其 8 万日元的精神损害赔偿，连同生活费增加部分，每月赔偿数额合计 10 万日元。此后东京电力公司也采用同样的基准，增加了该地域受损主体的精神损害赔偿数额。当然，不可否认的是，ADR 机关作为原子力损害赔偿纷争审查会的下属机构，尽管其试图对受损主体给予尽可能的救济，但是碍于原子力损害赔偿纷争审查会在精神损害赔偿认定上的消极态度，比如对于家乡丧失造成的精神损害的片面性认定，其亦很难有更大的作为空间。

7.4 核公害损害赔偿社会化方式

根据核事故等级表，本次事故为七级，属特大事故。因而对本次事

---

① 小海範亮. 原発事故損害賠償請求に関する弁護士の具体的な取組み [J]. 環境と公害, 2013（43）.

故损害的救济难度自是一般侵权事件所不及，赔偿项目的繁杂、额度的巨大对于涉事主体的经济能力提出了严峻挑战。尽管东京电力公司是日本收入最高的电力公司以及全球最大的民营核电商，但是面对本次事故依旧难以独力完成数以百万计的受灾居民的损害赔偿工作。为了应对本次事故以及今后可能发生的类似事故，损害赔偿社会化方式进入了研究视野。

7.4.1　责任保险

在日本，为了保证对第三者的损害赔偿，核设施运营商只有在具有1200 亿日元的强制性财务保证后才能够开展核能业务。核事故的成因机制不同，赔偿金额的承担主体亦有所不同。对于一般工业事故导致的核事故，由运营商承担损害赔偿责任，该条件下的强制财务保证源于运营商向日本核保险共同体购买第三者责任保险；对于地震、火山喷发、海啸等自然灾害导致的核事故，损害不在保险范围之内，该条件下的强制财务保证由运营商向政府购买保障协议提供；而对于异常重大的自然灾害或社会动乱导致的核事故，运营商可以免除损害赔偿责任，政府将对损害进行补偿。

日本核保险共同体成立于 1960 年，是由日本国内 20 多家保险人和再保险人共同组成的为从事涉核风险的企业进行直接保险和再保险的组织。由于涉核风险具有特殊性，往往被常规保险市场列为除外风险，因而为了推动核电事业的稳健发展，世界多数国家均有类似组织。日本核保险共同体通过为本国核设施运营商提供强制财务保证，成为政府借助商业力量管理核风险的重要手段。但是，核保险共同体并非承保所有类型的核事故损害，比如因地震、火山喷发、台风、海啸等自然灾害引发的核损害，由核设施正常运行导致的损害以及在核事故发生后 10 年内未加以请求赔偿的损害等都在承保范围之外。① 这部分损害则根据核设施营运者与政府签订的补偿协议由政府进行补偿。②

日本核保险共同体以保险池的方式为核设施营运人提供了第三方责

---

① 我妻栄. 原子力二法の構想と問題点［J］. ジュリスト，1961（236）.
② 《原子能损害赔偿法》第 10 条第 1 款规定："对于不在核损害赔偿责任保险合同承保范围内的损害部分，可通过核设施营运者和政府签订补偿协议的方式，由政府进行补偿。"

145

任保险，保单限额最高可达 1200 亿日元，保证了核事故发生后损害可得到及时的救济。然而本次福岛核事故起因于地震与海啸，自然灾害不在该责任保险的承保范围内。此外，东京电力公司与日本核保险共同体订立的保险合同每一年须更新一次，但是核保险共同体考虑到本次事故的风险显著高于普通核电站的风险，赔偿负担过于沉重，故并未与东京电力公司续签保险合同，2012 年 1 月 15 日责任保险合同期满。① 可见在本次核事故的救济中，责任保险作为救济方式是"失灵"的，由于责任保险的承保对象本身即受诸多条件的限制，加之保险公司与生俱来的营利属性使其对于大规模风险事故的承保动力不足，最终导致只能由东京电力公司与日本政府负担数以万亿计的损害赔偿总额。

7.4.2 损害救济基金

2011 年福岛核事故造成的严重结果使日本政府认识到仅在事后对损害结果进行填补是远远不够的，还应当为防范今后此类事故的再次发生进行基金的构建，为此日本政府颁布了《原子力损害赔偿·废炉等支援机构法》。该法规定核设施在造成超过《原子力损害赔偿法》第 41 条第 1 项规定的"赔偿措施额"的损害时，原子力损害赔偿·废炉等支援机构进行赔偿资金交付等业务，以保证核损害赔偿业务的迅速、适当开展以及电力的稳定供给与核反应堆运转事业的顺利进行。

1. 基金设立

原子力损害赔偿·废炉等支援机构具有法人资格，由在电力领域具备专门知识与经验的人员（三人以上）作为发起人设立。机构的启动资金由政府以及政府以外团体的出资构成，对于后者，发起人负责向其进行资金的募集。运营委员会是基金的核心机构，组成人员有理事长、副理事长以及理事，合计 10 名，对基金的主要事务进行决策，如章程的变更，业务方法书的制作或变更，预算、资金计划的制作或者变更、决算以及运营委员会认为必要的其他事项。

---

① 福島第一原発　1200 億円打ち切り　損保各社 1 月期限　作業に影響必至　保険引き受けに限界［N］. 東京新聞，2011 - 11 - 22.

2. 资金缴纳

在原子力损害赔偿·废炉等支援机构的每一事业年度，核设施营运者须向其缴纳一定的金额以供其基础业务的开展。资金的缴纳须在事业年度终了后 3 个月以内进行，逾期未缴纳的，机构须立即向主管大臣报告。每一核设施营运者的缴纳额度为一般负担金年度总额乘以负担金率的数额。一般负担金年度总额与负担金率均由运营委员会通过决议决定，对于前者，机构在决定时必须要依据主管部门所规定的基准：第一，依照机构在业务上所需费用的情况，缴纳的费用对于机构适当实施业务具有充分性；第二，依照各核设施营运者的收支情况，各核设施营运机构在缴纳费用后不至于对自身发展乃至电力的稳定供给造成障碍。而负担金率的确定亦须以主管部门规定的基准为依据，同时也要考虑各核设施营运者运行核反应堆相关事业的规模、内容以及其他事项。机构在确定一般负担金年度总额或者负担金率之后，若予变更则须得到主管大臣的认可。此外，主管大臣根据机构业务的实施情况、各核设施营运者的事业发展情况，认为有必要对一般负担金总额或者负担金率进行变更的，可敦促机构加以变更。

3. 资金援助

核设施营运者在造成超过强制财务保证额度的损害时，可申请机构对其进行资金援助。援助措施有以下几种：一是机构对于核设施营运者需予赔偿的数额，扣除强制财务保证额度后进行资金的支付；二是机构认购核设施营运者发行的股票；三是对核设施营运者进行资金借贷；四是购买核设施营运者发行的公司债券以及票据；五是对于核设施营运者资金借贷债务予以保证。核设施营运者在对机构进行资金援助的申请时，必须向机构提交记载有核事故损害情况、赔偿额度的估算、资金援助的必要性论证、申请资金援助的内容与额度、事故对策与事业发展收支相关的中期规划等事项的文件。机构在受理核设施营运者的申请后，运营委员会立即决议是否对核设施营运者进行援助以及援助的内容与额度，并应立即将该决定通知核设施营运者并向主管大臣报告。核设施营运者在接受机构的经济援助后应将援助资金合理应用于对核事故损害者的救济业务，如认为有必要增加援助额度，可向机构进行变更申请。

　　由于在福岛核事故发生前，除责任保险，日本未在核领域建立其他风险分散的机制，因而该事故发生后损害赔偿的债务只能大多由日本政府承担，而政府的大额经济补偿实则是拿普通纳税人的钱去为东京电力公司的过错①埋单，招致了一般纳税国民的不满。以福岛核事故为前车之鉴，日本在核领域建立了损害救济基金，为此后类似事故的损害赔偿先行储备资金，一旦造成大规模损害结果即可进行及时且有效的救济。该举措的进步性是值得肯定的，尽管未在本次事故中发挥作用，但是对避免此后核事故危害事态的进一步扩大及迅速且有效填补损害的意义毋庸置疑。

---

　　① 在福岛核事故中，尽管东京电力公司一直声明核辐射事故的发生是由于地震引发的特大海啸造成，致害原因纯属自然原因，但是随着调查的不断深入，真相最终浮出水面：用于冷却核反应堆的发电设备老化以及东京电力公司高层管理人员的玩忽职守才是该事故的真正原因。

第8章　我国大规模侵权救济制度借鉴

工业革命在推动人类社会发展的同时，也将人类推向了风险社会的深渊。不管是20世纪50年代后出现的"四大公害事件"，还是近些年在食品、药品、建材、新能源等领域暴露的隐患，日本作为"公害列岛"付出了沉重的代价。本书研究视域中的"公害"，既包含日本《环境基本法》中纯粹法律意义上的"公害"概念，即"由企事业单位活动及其人为活动引起的相当范围的大气污染、水质污染、土壤污染、噪音、震动、地面下沉以及恶臭等对人体健康或生活环境等造成的损害"，又包含广义的"公害"，即"造成大范围被害的事件"或者"公众被害般的灾害"。在我国，与日本广义"公害"概念相对应的是"大规模侵权"概念。尽管法律未对这一概念加以明确，但通常认为其为一种区别于传统侵权类型的对不特定群体造成严重损害且存在救济困难的侵权类型。大规模侵权作为风险社会的极端表现，可以说是我国长期无法完全治愈的"痼疾"。进入21世纪以来，大规模侵权事件更是呈愈演愈烈之势，2003年的"龙胆泻肝丸事件"①、"大头娃娃事件"②、2008年的

---

① 龙胆泻肝丸是我国民众为了清火而长期使用的药品之一，在很长一段时间内被认为具有"清肝胆、利湿热"的药效。2003年2月，媒体披露龙胆泻肝丸的成分"关木通"因含马兜铃酸可能导致尿毒症，在社会上引起轩然大波。当时公布的数字显示，全国有200多家药厂曾生产过龙胆泻肝丸，致病人数约10万人。

② 从2003年开始，安徽阜阳100多名婴儿因饮用劣质奶粉而患上一种怪病，脸大如盘，四肢短小，被称为"大头娃娃"。婴幼儿长期食用这种劣质奶粉，轻者营养不良、生长停滞、免疫力下降，重者出现伤病甚至死亡。事件发生后，阜阳市政府明确表示对所有受害儿童进行免费医治，发给每个死亡婴儿家庭1万元人民币的救济金，并为辖区全部婴儿进行免费体检。

"三鹿奶粉事件"①、2015 年的"天津滨海新区爆炸事件"②、2016 年的"山东假疫苗事件"③ 皆为大规模侵权事件的典型。存在侵权损害，自然存在对该损害的救济，大规模侵权也不例外。尤其在现实化"权利法典"的进程中，只有进行相应的制度构建与完善以及时对大规模侵权"止损"，才能使公民的人格权得到真正的捍卫，使民法典真正散发"人"的理性光辉。

8.1 大规模侵权救济方案

我国尽管频繁遭受大规模侵权事件的重创，但是并未建立一套应对大规模侵权的成熟机制。在多数情况下，救济方案都有明显的救急性而无连贯性。当今民法学界已对大规模侵权应对机制的建立有所觉醒，但是观点林立，并未统一。就现有资料来看，对于大规模侵权的救济，学界主要有侵权责任方案、责任保险方案、行政救济方案、赔偿基金方

① 2008 年经媒体曝光，大量婴儿因食用三鹿集团生产的奶粉患有肾结石，随后在调查中发现奶粉中含有化工原料三聚氰胺。为此中央做出专门部署，成立由卫生部牵头、质检总局等有关部门和地方政府参与的国家处理小组，全力开展医疗救治，对患病婴儿进行免费救治，所需费用由财政负担。处理小组会同相关部门敲定了结石患儿赔偿方案，由中国乳制品工业协会负责向 22 家责任企业筹集款项。最终，中国乳制品工业协会筹集资金 11 亿多元，其中三鹿集团支付了 9.02 亿元的赔偿金。根据分配方案，9 亿元多用于患儿的一次性现金赔付，2 亿元用于设立后续补偿的医疗赔偿基金，由中国人寿代为管理。根据政府规定的补偿表，死亡宝宝可以获得 20 万元的一次性补偿，重症患儿可以获得 3 万元的补偿，普通症状可以获得 2000 元的补偿。

② 2015 年天津滨海新区爆炸事件发生之后，滨海新区对爆炸核心区域 2 公里范围内的 7 个小区推出了收购、修缮、退房三种处置方案。由房地产企业组成的天津地产企业社会责任联盟表示愿意按照市场规则对居民自愿出售的房屋进行回购。财政部门负责人表示，选择收购方案的业主在正式签约之后，房贷将由房企先行代偿，各银行机构对因事故影响暂不能按时偿还各类贷款的单位和个人，暂不催收或者罚息、不做不良记录、允许合理展期。此外，滨海新区爆炸事件的受害者在事故发生仅 20 天之内即收到超过 1.4 亿元的捐款。

③ 2013 年 6 月至 2015 年 4 月间，涉案人员庞红卫、孙琪先后在山东省聊城市、济南市等地雇用人员、租赁仓库，从国内多地购进冻干人用狂犬病疫苗、b 型流感嗜血杆菌结合疫苗、乙型脑炎减毒活疫苗等多种药品，存放在不符合疫苗等药品冷藏要求的仓库内，在全国范围内进行销售，赚取高额利润。2016 年被山东警方破获。2017 年济南市中级人民法院对庞红卫、孙琪的非法经营案进行了审理，其刑事责任得到了追究。然而，对于疫苗受害群体的救济方案却鲜有耳闻。

案、多元化救济方案。

8.1.1　侵权责任方案

杨立新教授认为，《中华人民共和国侵权责任法》（以下简称《侵权责任法》）第二条第一款"侵害民事权益，应当依照本法承担侵权责任"中包含了对大规模侵权的规定，而《侵权责任法》的立法目的、归责原则、责任构成要件、侵权责任类型、具体责任规则均可适用大规模侵权。① 孙大伟研究员的观点与此稍有不同，其认为应将大规模侵权作为一种有别于现有特殊侵权类型的全新侵权类型加以对待，但在总体上仍坚持在《侵权责任法》的框架内解决大规模侵权的救济问题。② 然而，该观点实有待商榷。从大规模侵权的救济实践不难看出，侵权诉讼具有致命的缺陷：由于因果关系在大规模侵权事件中极其复杂，证明起来技术难度很大，因而将因果关系的举证负担课加于原告无疑太过沉重。并且若大规模侵权发生在过错责任领域，原告还须对过错加以证明。此外，诉讼的进行要耗费大量的时间，对于存在迫切救济需求的受害人而言只是"画饼充饥"。即便最终原告取得了诉讼的胜利，这份"迟来的正义"究竟有多大的价值，也是耐人寻味的。正如有学者提出："随着受害人人数的增加，侵权法功能实现的有效性就会递减。"③在侵权责任框架内，从实体法与程序法的角度分别存在两种方案，即惩罚性赔偿金方案与举证责任倒置方案。

1. 惩罚性赔偿金方案

惩罚性赔偿金制度设立的初衷乃是针对故意造成他人损害的行为，通过加重赔偿的方式对侵权行为人予以惩戒，对侵权行为予以抑制。鉴于现有的填补性损害赔偿制度在惩罚、预防侵权行为与填补社会利益损害上的不足，有学者主张大规模侵权惩罚性赔偿金的适用能够增强损害

151

---

① 杨立新. 《侵权责任法》应对大规模侵权的举措 [J]. 法学家，2011（4）.
② 孙大伟. 我国大规模侵权领域困境之考察——基于制度功能视角的分析 [J]. 当代法学，2015（2）.
③ 王成. 大规模侵权事故综合救济体系的构建 [J]. 社会科学战线，2010（9）.

赔偿的社会功能，符合社会发展的现实需求。[①] 就我国目前的立法现状来看，惩罚性赔偿适用于产品责任领域，见诸《中华人民共和国食品安全法》与《中华人民共和国消费者权益保护法》。《中华人民共和国食品安全法》第一百四十八条规定："生产不符合食品安全标准的食品或者经营明知是不符合食品安全标准的食品，消费者除要求赔偿损失外，还可以向生产者或者经营者要求支付价款十倍或者损失三倍的赔偿金。"此外，《中华人民共和国消费者权益保护法》第五十五条规定："经营者提供商品或者服务有欺诈行为的，应当按照消费者的要求增加赔偿其受到的损失，增加赔偿的金额为消费者购买商品的价款或者接受服务的费用的三倍。"

从我国惩罚性赔偿金制度仅适用于产品责任领域即可看出该制度在适用范围上是存在一定局限的。不管是"三倍赔偿"还是"十倍赔偿"都要求侵权行为人具有支付该高额赔偿金的经济基础，若侵权行为人的经济实力无法满足该支付要求，该制度的实效性便大打折扣。在普通侵权类型中，由于受害人数有限，赔偿金额可控，惩罚性赔偿金方案尚有"用武之地"；而在大规模侵权类型中，受害数量的无限膨胀导致企业往往难以满足所有被侵权人的救济诉求，最终只能走向破产的结局。正如有学者指出，当损害远远超过侵权人的承受能力时，赔偿责任不仅不能对侵权者进行行为抑制，甚至不能对受害人进行损害救济。[②] 而责任主体一旦缺位，被侵权人的损害救济则沦为"一纸空谈"。

2. 举证责任倒置方案

美国学者罗切特曾言："在缺乏有效的程序机制来追求合法的法律请求的情况下，我们实体法的全面意义绝不可能为人所知。"[③] 举证责任倒置方案正是从程序法角度提出的侵权责任救济方案，该方案考虑到了大规模侵权中因果关系错综复杂的特点，提出在大规模侵权诉讼中若被告无法证明其行为与损害不存在因果关系则承担损害赔偿责任。[④] 目

---

① 李建华，管洪博. 大规模侵权惩罚性赔偿制度的适用 [J]. 法学杂志，2013 (3).
② 刘永林. 风险社会大规模损害责任法的范式重构——从侵权赔偿到成本分担 [J]. 法学研究，2014 (3).
③ 刘炫麟. 大规模侵权研究 [M]. 北京：中国政法大学出版社，2018：211.
④ 张红. 大规模侵权救济问题研究 [J]. 河南省政法干部管理学院学报，2011 (4).

前对于举证责任倒置，我国在立法上主要规定了五种具体情形：因产品制造方法发明专利引起的专利侵权诉讼，高度危险作业致人损害的侵权诉讼，因环境污染引起的损害赔偿诉讼，建筑物或者其他设施以及建筑物上的搁置物、悬挂物发生倒塌、脱落、坠落致人损害的侵权诉讼，饲养动物致人损害的侵权诉讼。从我国的现有规定来看，举证责任倒置的适用或是因过错、因果关系难以证明，或是因证据难以搜集，由此，举证责任倒置似乎在过错、因果关系错综复杂的大规模侵权类型中具有较大的适用空间。

　　然而，大规模侵权类型与普通侵权类型不同，因果关系过于扑朔迷离，在一些案件中受害人的症状经过相当长的时间后才显露出来，专业的医学、科学工作者对此都未能释明，因而即便在信息的把握、证据的搜集上比个人更具优势的企业亦很难证明该因果关系。虽然基于法律明确规定的免责事由，企业可免于承担损害赔偿责任，但是在目前的《侵权责任法》中仅个别侵权类型中规定了免责事由。因此，该方案意味着在大规模侵权诉讼中企业在多数情况下会面临败诉的风险。然而，大规模侵权是与工业文明相伴相生的，企业乃至行业的发展尽管会招致一定的风险，也为人类社会带来了福利。对企业课加的负担过重，不仅会损伤企业的生产积极性，而且会造成企业因畏于承担过重的法律责任而不敢涉足具有一定风险但对人类社会有益的事业，进而致使行业萎缩，最终影响社会的整体利益。可见该方案也存在自身的局限性。

8.1.2　责任保险方案

　　由于大规模侵权造成的受害群体广泛、损害结果严重，因而在企业独力承担损害赔偿责任的情况下普通的损害赔偿程序极易沦为破产还债程序。然而企业一旦破产，其破产财产须在支付破产费用、职工相关费用、税款后，才可分配给大规模侵权的被侵权人，该剩余部分对于被侵权人的救济而言可能仅是"杯水车薪"。因此寻求一个经济实体使之能够替代企业给予被侵权人充分的损害赔偿成为普遍思路，责任保险方案的可行性得到了学界的重视。

　　对于责任保险方案，有学者直截了当地指出，责任保险自身的科学性与互助性，可以将潜在加害人不确定的风险转化为事前固定小额的保

153

费支出，减轻了潜在加害人的精神焦虑及可能产生的巨额索赔。对受害人而言，责任保险充分的经济保障及快速的赔偿能够使其损失降到最低，将增强其恢复生产及流通的能力。① 甚至有学者断言，责任保险应当在多元化的大规模侵权损害赔偿机制中居于主导地位。② 此外，相较于我国，责任保险在欧美已经有相当长的发展历史。自 20 世纪 80 年代以来责任保险已然在大规模侵权风险的应对上发挥了重要作用，比如在美国"9·11"事件发生以后，保险公司共支付了约 420 亿美元的赔款，远超美国联邦政府的赔偿金额，是纽约市重建资金的主要来源。因而有学者从域外对比的角度也论证了责任保险的可行性。③

尽管如此，责任保险对于侵权责任的天然寄生性与依赖性致使其受限于侵权责任的认定，在某种意义上乃是侵权责任分担的变形。详言之，被保险人获得保险赔付的前提在于投保人的侵权责任是否成立。也就是说，只有在根据侵权责任规则对投保人与第三人之间的损害赔偿法律关系予以认定之后才涉及保险公司的赔付事宜。故侵权责任方案具有的缺陷，责任保险方案亦未能幸免。此外，责任保险作为以市场机制分散损害的一种救济形式，市场的成熟度对于救济效果至关重要。在保险市场足够成熟的情况下，社会各界对于保险的认可、信任程度较高，继而有较为强烈的投保意愿与清晰的投保规划。保险业得到了大量的资金注入，保险公司的赔付能力因之提高。而我国保险业起步较晚，企业的风险意识相对落后，成熟的保险市场并未真正建立，保险公司在大规模侵权的损害赔付上财力单薄。但是，即便在保险市场相对成熟的美国，责任保险在大规模侵权的应对上也出现了疲软之势。"9·11"事件发生之后，美国保险业大多对恐怖主义责任险敬而远之，美国联邦政府不得不出面干预，承诺与保险公司按照具体规定分担损失。④ 正如乌尔里希·贝克（Ulrich Beck）所言："风险计算在私人保险领域取得成功的关键性秘密就是这种精确推算将技术因素与多姿多彩之大千世界的社会生活之方方面面紧密结合起来，从而可以对社会行为的各种风险进行界

① 粟榆. 责任保险在大规模侵权中的运用 [J]. 财经科学，2009（1）.
② 张乐. 责任保险在多元化的大规模侵权损害赔偿机制中的地位 [J]. 河南师范大学学报（哲学社会科学版），2016（3）.
③ 粟榆. 责任保险在大规模侵权风险管理中的角色定位与制度建设 [J]. 广东金融学院学报，2011（1）.
④ 夏益国. 美国恐怖主义风险保险立法研究 [J]. 保险研究，2009（10）.

定、计算、赔偿，并以之做好此次灾难的善后处理工作及日后风险的预防预警工作。可是在核技术时代、基金技术时代或化学技术时代，随着风险计算的社会基础被彻底冲破和摧毁，用于风险推断的技术因素与社会生活紧密结合的基础也被彻底冲破和摧毁了。"[1] 由此观之，责任保险在保险市场极度发达的美国尚呈萎缩之势，在保险市场不甚发达的我国前景则更加令人担忧。

8.1.3　行政救济方案

　　大规模侵权与普通侵权不同，其不仅具有私权侵害属性，亦具有公共危机属性，也即大规模侵权的救济工作一旦有失妥当，不仅有损个人权益，甚至殃及整个社会政治、经济秩序的安全与稳定。基于此，在我国大规模侵权损害救济的既有实践中，行政主导极为活跃。由于我国在多个领域并未于事前建立针对大规模侵权损害的救济预案，而采取"一事一理"的方针，因而在损害结果出现以后，唯有政府才具有雄厚的经济资源与调动能力将事故的伤害降至最低。政府出面为损害结果"埋单"，的确能够保证救济在高效率的状态下运作。具体而言，政府能够迅速收集信息，在对信息判断的基础上形成应急方案并使其在第一时间得到贯彻与执行。同时，以国民的税收作为后盾，政府具有稳定的资金来源，如此强大的赔付能力是任何主体都不能比拟的，受害者获得的救济较为充分。此外，有学者主张，行政救济机制能够以较小成本对大规模侵权所造成的损害进行救济，其可以降低事件预防成本、受害人的索赔成本以及救济机构的维持成本。[2]

　　然而，该方案却始终无法回答：动用公共财力为企业"埋单"的法理依据何在，政府的"垫付责任"何以演变成了"最终责任"。尽管大规模侵权事件涉及公共危机，但是行政救济机制绝不是唯一可行的救济路径。政府"大包大揽"地解决救济问题，即便在道义上可予褒奖，但将全民的税收用于大规模侵权事件的救济，实则是将救济责任分散至全体公民，造成了赔偿责任的泛社会化。如同"杀鸡"用了"牛刀"，

155

　　① 乌尔里希·贝克. 从工业社会到风险社会（上篇）——关于人类生存、社会结构和生态启蒙等问题的思考 [J]. 王武龙译. 马克思主义与现实，2003（3）.
　　② 张力，庞伟伟. 大规模侵权损害救济机制探析 [J]. 法治研究，2017（1）.

严重背离了政府的社会管理职能。而且，由于行政救济机制的应急性显著，赔偿规则的设计难免不甚周全。比如，在事件性质具有一定类似性的"大头娃娃"事件与"三鹿奶粉"事件中，前者死亡婴儿家庭获得的救济金是 1 万元，而后者死亡宝宝家庭可以获得 20 万元的一次性补偿，两者之间的巨大差距不免使人对该机制的公平性产生怀疑。另外，赔偿是仅针对人身损害与财产损害，还是也包括精神损害，从既有实践我们不得而知。可以说，行政救济机制只能是一时的"强心针"，而非永久的"镇痛药"。

8.1.4 救济基金方案

无论是作为原因的风险社会，还是作为结果的公共危机，其均印证了当今社会损害事件的发生愈加频繁，规模愈加巨大，处理愈加棘手。故仅由单一主体承担大规模侵权的损害赔偿并不能妥善且圆满地解决救济问题，只有通过适当转换救济机制，增加风险的分散渠道，才能对大规模侵权问题做出有效的回应。基于此，风险分担的社会化方式日益受到广泛关注。救济基金作为该理念的具体实践，自 21 世纪以来在我国学术界掀起了一股研究的热潮。学术界对于救济基金方案持肯定观点的不在少数，认为其为大规模侵权损害的最佳救济途径。[①] 张新宝教授作为该方案的坚定拥护者，认为基金的设立与运作可以最大限度地平衡效率与公平两大价值。救济基金不但能够及时救济众多被侵权人已受到的损害，还可以为后续损害提供救济途径和财力保障。[②] 张新宝教授率课题组对救济基金方案的可行性进行探究，在 2012 年推出了《大规模侵权损害救济（赔偿）基金条例（立法建议稿）》。对于该方案的探索不仅在学术界如火如荼，而且在实践中亦有体现，比如医疗赔偿基金与船舶油污损害赔偿基金的建立。

笔者也认为基金方案在众多救济方案中具有无可比拟的优势：其一，其弥补了现行损害赔偿机制的缺陷。对于侵权责任救济方式，因受害方获得损害赔偿须以证明加害方负有侵权责任为前提，故因果关系要

---

① 邢宏. 论大规模侵权损害赔偿基金 [D]. 武汉：华中科技大学，2013.

② 张新宝. 设立大规模侵权损害救济（赔偿）基金的制度构想 [J]. 法商研究，2010 (6).

件、过错要件的"挖掘"通常是受害方无法回避的。而该要件在一般的侵权类型中虽不难证明，但是在大规模侵权中却不可同日而语。受害方也因此无法在短时间内得到有效的救济，公平正义理念受到了极大的贬损。责任保险方案虽也是损害赔偿的社会化分担方式，但由于其过度依赖侵权责任且对市场发展条件的要求较高，故发挥的作用极为有限。至于在我国的大规模侵权损害赔偿实践中频频登场的行政救济方式，围绕其牺牲公共资源为责任企业埋单的正当性的争论始终未休。相较之下，救济基金在弱化侵权责任证明的基础上，通过社会分担的方式为受害群体提供了公平、充分且高效的救济，并在第一时间消解了社会矛盾情绪，维护了社会稳定。其二，其顺应了损害救济理念的发展趋势。随着事故风险对人类社会的不断渗透，创设更加合理的损害救济机制以公平地配置社会资源成为现代社会的迫切需求。囿于两极关系的矫正正义理念虽可适用于传统的侵权类型，但当大规模侵权已成为现代社会的固有风险时，分配正义理念在社会关系的整体平衡上具有更广阔的适用空间。该风险关乎全体社会成员的利益，在社会连带主义的基础上对损害加以分担亦属必然。为此，损害救济理念亦出现了相应的变化，从损害转移逐渐过渡为损害分散。损害救济基金正是在社会分散损害的基础上突破了原有的当事人格局，使损害承担主体的多元化成为可能。从我国既有的损害救济基金实践来看，该制度对于解决我国大规模侵权损害赔偿问题还是适宜的，但由于建立时日尚短，其还存在很多不完善之处，与制度化、规范化仍相距甚远，需在程序设计与细节处理上仔细斟酌。

8.1.5　多元化救济方案

在各种单一的救济方案之外，王利明教授提出了建立一种侵权赔偿责任与保险赔偿、社会救助平行救济的模式。其指出，侵权法的救济功能不断加强，已经逐渐成为当代侵权法的主要功能。而 19 世纪末期以来责任保险的形成和发展，进一步强化了侵权法对受害人的救济功能，成为侵权损害赔偿之外的一种重要的受害人救济途径。同时，社会救助制度在救助受害人方面发挥着日益重要的作用。[1] 李敏教授也提出了建

---

[1]　王利明．建立和完善多元化的受害人救济机制［J］．中国法学，2009（4）.

立多元化机制的必要性，但是在机制内部的构建上与王利明教授又有所不同，主张建立侵权赔偿责任主导下的多元救济机制。① 王成教授也主张，通过设立强制保险和救助基金等方式，构建综合救济体系。② 多种救济手段的综合运用，的确可以弥补单一手段的不足，形成救济资源的整合效应。然而，正如前文所述，无论是民事诉讼模式还是责任保险模式在大规模侵权损害救济中的效果都不够理想，如何使资源在整合的过程中发挥"1 + 1 > 2"的作用而不至使其成为木桶理论的短板，是必须予以重视的问题。另外，对于大规模侵权救济而言效率是极为关键的，几种手段在选择适用的过程中势必会比单一手段耗费更多的人力与时间成本，因而化繁为简，以一种方式优化解决大规模侵权的损害赔偿问题乃上乘之选。

8.2 大规模侵权损害赔偿基金实践

对于基金，我们其实并不陌生。我国在实践中存在一些基金模式，但是该基金模式与我们所讨论的大规模侵权损害赔偿基金存在很大区别。③ 大规模侵权损害赔偿基金旨在分担大规模侵权的损害风险，通过基金的形式为被侵权人提供及时、有效的救济。其显著特点有二：其一，救济对象是特定的，限定于大规模侵权的受害者；其二，救济需求具有迫切性，救济的不及时会造成损害结果的进一步扩大。就目前来看，我国针对大规模侵权的损害赔偿基金实践寥寥可数，主要是"三鹿

---

① 李敏. 多元化救济机制在大规模侵权损害中的建构 [J]. 法学杂志，2012 (9).
② 王成. 大规模侵权事故综合救济体系的构建 [J]. 社会科学战线，2010 (9).
③ 我国现存的一些基金模式并非本章所探讨的损害赔偿基金，比如社会保障基金。2016年3月10日，《全国社会保障基金条例》公布，国家设立全国社会保障基金。该基金作为国家社会保障储备基金，用于人口老龄化高峰时期的养老保险等社会保障支出的补充、调剂，由中央财政预算拨款、国有资本划转、基金投资收益和以国务院批准的其他方式筹集的资金构成，全国社会保障基金理事会负责管理运营。再比如道路交通事故社会救助基金。《道路交通安全法》第十七条中规定了设立道路交通事故社会救助基金，2009年《道路交通事故社会救助基金管理试行办法》对该基金的资金来源、管理机关等制度设计细节进行了规定。该基金是机动车交通事故强制保险制度的补充，旨在保证道路交通事故中受害人在符合"抢救费用超过交强险责任限额，或肇事机动车未参加交强险，或机动车肇事后逃逸"的情形时得到及时的救助与补偿。

奶粉"事件后建立的医疗赔偿基金与"康菲漏油"事件后建立的船舶油污损害赔偿基金。

8.2.1　大规模侵权损害赔偿基金的探索

就现阶段来看，我国的损害赔偿基金无一例外都是在大规模侵权事件出现后基于现有及将来的救济需求而建立。作为不同于传统损害救济模式的全新探索，其开拓性价值是巨大的，并且为我们对大规模侵权损害赔偿基金的研究提供了重要的范本。

1. 三鹿奶粉医疗赔偿基金

"三鹿奶粉"事件发生后，中央做出专门部署，立即启动国家重大食品安全事故 I 级响应，对患病婴儿实行免费医疗救治，所需费用由财政负担。同时，中国乳制品工业协会向 22 家责任企业筹集了约 11 亿元，其中三鹿集团支付了 9.02 亿元的赔偿金。筹集款项中，9 亿多元用于患儿的一次性现金赔付，2 亿元用于针对后续补偿的医疗赔偿基金的设立。医疗赔偿基金用于报销奶粉事件患儿在急性治疗终结后、年满 18 周岁之前，经各地儿童医院、妇幼保健院或二级以上综合医院诊断相关疾病的门诊费用和住院医疗费用。中国人寿保险股份有限公司受中国乳制品工业协会委托，对该医疗赔偿金进行管理，实行"专户管理、专款专用"。

从 2012 年 5 月 14 日中国人寿在其公司网站上公布的基金运行、管理情况来看，自 2009 年 7 月 31 日医疗赔偿基金正式启动至 2011 年 12 月 31 日，中国人寿累计办理支付 2055 人次，支付金额 1242 万元。其中，2011 年 1 月 1 日至 12 月 31 日支付 512 人次，支付金额 338 万元。目前全国各省、自治区、直辖市均有医疗赔偿基金赔付发生。医疗赔偿基金总体运行情况平稳，未发生赔偿纠纷，有关部门也没有接到相关投诉。中国人寿介绍，在医疗赔偿基金的委托管理中，公司没有收取任何管理及服务费用，确保医疗赔偿基金及其利息全部用于患儿相关疾病的医疗费用报销。[1]

---

① 福安. 三鹿奶粉事件医疗赔偿基金管理及运行情况公布 [EB/OL]. http：//www. foods1. com/news/1655049.

然而，三鹿奶粉医疗赔偿基金仍受到了外界的一些质疑。首先，体现在医疗赔偿基金的资金筹集方面。"三鹿奶粉事件"的22家涉案企业的出资标准模糊，具有极大的随意性。[①] 出资标准的不确定不仅使基金的资金充足性无法保证，而且导致责任主体在履行赔偿义务上"和稀泥"，违法成本大大降低，对其侵权行为未能充分发挥惩罚、抑制作用。其次，补偿方案标准的依据不明。政府规定的补偿标准为死亡宝宝可以获得20万元的一次性补偿，重症患儿可以获得3万元的补偿，普通症状可以获得2000元的补偿。尽管相较于"大头娃娃事件"中每个死亡婴儿家庭仅可获得1万元救济金的情况，本次事件中的补偿标准得到了大幅度提高，但是本次方案的制定仍未有民意参与，其标准的合理性不免令人诟病。由于相关规范的缺失以及公开程度的不足，该基金也被称为"谜基金"。最后，中国人寿管理基金的适格性存在问题。大规模侵权损害赔偿基金是为了救济大规模侵权的被害人而设立，具有非营利性质，理论上应由无利益冲突的独立第三方运营。然而三鹿奶粉医疗赔偿基金由中国乳制品工业协会委托中国人寿设立，中国人寿在管理基金时难免不受委托方牵制。而且中国人寿具有营利性质，其在管理基金时能否真正做到公开透明也是存在疑问的。

2. 船舶油污损害赔偿基金

我国是石油进口的大国，而90%的石油进口需要海上船舶加以运输，船舶发生溢油污染事故的风险亦随之加大。据统计，1973～2006年，我国沿海共发生大小船舶溢油事故2635起，其中溢油50吨以上的重大船舶溢油事故共69起，总溢油量37077吨，平均每年发生两起，平均每起污染事故溢油量537吨。1999～2006年，我国沿海还发生了7起潜在重特大溢油事故。[②] 然而，在溢油污染事故风险的不断升级之

---

① 根据报道，蒙牛乳业集团新闻发言人姚海涛表示："我们出的不多，具体出资标准我也不知道。"伊利乳业集团公共事务部总监马腾也表示："对于一些细节我并不掌握。"三聚氰胺事件赔偿基金运作成谜［EB/OL］. http：//money. 163. com/11/0516/10/74600LUT00253B0H. html.

② 1999～2006年，我国沿海潜在重特大溢油事故频发。2001年装载26万吨原油的"沙米敦"号进青岛港时船底发生裂纹；2002年在台湾海峡装载24万吨原油的"俄尔普斯·亚洲"号因主机故障在台风中遇险；2004年在福建湄洲湾两艘装载12万吨原油的"海角"号和"骏马输送者"号发生碰撞；2005年装载12万吨原油的"阿提哥"号在大连港附近触礁搁浅。我国海上溢油事故的现状和应对措施［EB/OL］. http：//www. cec. org. cn/xiangguanhangye/2010－11－27/4657. html.

下，损害赔偿救济工作却不尽如人意。到目前为止，我国尚未施行国内航线船舶强制油污保险，据相关统计，目前沿海航线油轮中加入油污保险的船舶仅为油轮总数的 10% 左右，内河航线油轮几乎均无油污保险。我国沿海油轮中 71% 是 1000 吨以下的船舶，属于国际公约未强制要求加入油污保险的船舶，但该类小型油轮的事故率恰恰最高，赔偿能力最差。[①]

　　面对船舶油污事故对生态环境造成的严重损害结果以及恢复原状的巨大资金需求，责任人通常因不具备赔偿能力或能力有限而无法承担实际的损害赔偿责任，最终由政府财政为其"埋单"。为了彻底改变此局面，国务院批准了财政部、交通运输部联合制定的《船舶油污损害赔偿基金征收使用管理办法》，通过设立油污损害风险的分摊机制——船舶油污损害赔偿基金，缓解海洋油污类大规模侵权的救济困境，该办法已于 2012 年 7 月 1 日施行。2015 年 6 月 18 日，中国船舶油污损害赔偿基金的最高权力机构——中国船舶油污损害赔偿基金管理委员会在北京正式成立，该管理委员会由交通运输部、财政部、农业部、环境保护部、国家海洋局、国家旅游局以及缴纳船舶油污损害赔偿基金的主要石油货主代表等组成，标志中国船舶油污损害赔偿基金的赔偿、补偿工作迈入可行阶段。

　　船舶发生油污事故后，首先由肇事船东及其油污保险人在其责任范围内对油污受害人进行赔偿。对于超出责任限额的损害，油污受害人可依据《船舶油污损害赔偿基金征收使用管理办法》向船舶油污损害赔偿基金请求赔偿或者补偿。油污受害人向基金的损害赔偿请求有时效限制，其申请应当在油污损害发生之日起 3 年内提出，至迟不得超过 6 年。对于逾期申请，基金管理委员会不再受理。船舶污染损害赔偿基金管理委员会在受理申请之后，按照一定的赔付顺序开展救济工作。《船舶油污损害赔偿基金征收使用管理办法》第十七条对此有明确规定：（1）为减少油污损害而采取的应急处置费用；（2）控制或清除污染所产生的费用；（3）对渔业、旅游业等造成的直接经济损失；（4）已采取的恢复海洋生态和天然渔业资源等措施所产生的费用；（5）船舶油污损害赔偿基金管理委员会实施监视监测发生的费用；（6）经国务院

---

　　① 竺效.生态损害的社会化填补法理研究（修订版）[M].北京：中国政法大学出版社，2017：191.

批准的其他费用。船舶油污损害赔偿基金不足以赔偿或者补偿前款规定的同一顺序的损失或费用的，按比例受偿。基金管理委员会在对损害进行赔偿后，在赔偿或补偿范围内，对真正责任人享有追偿权。在船舶污染责任人无法认定的情况下，基金管理委员会应先行赔偿或补偿，待污染损害责任人确定以后再向其追偿，赔偿金按有关规定上缴国库。基金的缴纳对象为在中华人民共和国管辖水域内接收从海上运输持久性油类物质（包括原油、燃料油、重柴油、润滑油等持久性烃类矿物油）的货物所有人或其代理人。即凡在我国港口接收从海上运输的持久性油类物质的货主及代理商均需向基金缴纳费用，取消了国际公约对缴纳对象的年收货量超过 15 万吨的限制，使所有货主都按照收货量多少承担义务，减轻了大货主的负担；同时，对于在中国港口过境的运输持久性油类物质的船舶不征收油污费用，对于接收中转运输的持久性油类物质的同一货主只征收一次油污费用，减轻了部分石油货主和代理商的负担。①

中国船舶油污损害赔偿基金在维护油污受害人的权益上发挥了积极作用，2016 年 6 月 17 日对于两起索赔案件中的三家单位 60.88 万元的支付，是该基金赔付的首举。② 2017 年，基金工作又取得了新突破，"有主"船舶油污损害案件首次获得了基金的理赔。尽管如此，沿海易遭受油污损害的行业及损害赔偿纠纷处理领域的人士认为该基金尚未实现高效运作。在现行机制下，油污受害人的索赔是按两个步骤进行的：在责任人能确定时，油污受害人须先向责任人请求损害赔偿，若责任人无法确定或责任财产不足以赔付损害，油污受害人再向基金管理委员会请求。然而根据索赔指南，③ 油污受害人在向基金请求时必须持有认定油污损害费用超过船舶所有人的法定赔偿责任限额的法院裁判文书或仲裁机构裁决文书，但船舶油污事故的损害结果认定是极为复杂的，裁判文书或仲裁文书的做出需要花费大量的时间，赔付程序相当烦琐，赔付效率受到了极大的影响。此外，基金的赔付范围仍极为有限。《船舶油

---

① 竺效. 生态损害的社会化填补法理研究（修订版）［M］. 北京：中国政法大学出版社，2017：200.

② 中国船舶油污损害赔偿基金. 中国船舶油污损害赔偿基金创建大事记［EB/OL］. http://www.shmsa.gov.cn/copcfund/lcsj/464.jhtml.

③ 中国船舶油污损害赔偿基金. 船舶油污损害赔偿基金索赔知识　常见问题解答［EB/OL］. http://www.shmsa.gov.cn/copcfund/cjwd/205.jhtml.

污损害赔偿基金征收使用管理办法》第十七条规定了基金的赔付范围，其中仅明确列举了渔业、旅游业等领域的直接经济损失与已采取的应急处置、恢复原状、监视监测所产生的费用，油污受害人的间接损失、纯粹经济损失均不在赔偿范围之内。而《1992 年国际油污赔偿基金索赔手册》规定，对于清污和预防措施费用、财产损失、因财产污染所引起的收入损失（间接损失）、单纯因污染造成的收入损失（纯经济损失）、环境损害费用等项目，油污受害人可以申请赔偿。[1] 可见，我国的船舶油污损害赔偿基金与国际通行实践仍有一定差距，在油污受害人的保护上有失全面。

8.2.2　大规模侵权损害赔偿基金的评价

在侵权责任法领域中的大规模侵权，因其突出的复杂性特征已经溢出私法体系，开始进入公共决策的视野，[2] 风险的社会化分担已成为大势所趋。就我国已有的大规模侵权损害赔偿基金的运作实践来看，相较于其他救济形式，基金能够更及时有效地为广泛的受害群体提供救济，避免了过多公共资源的占用，缓解了法院的审判负担和舆论压力，是应对大规模侵权的一种更具优势的救济途径。其在我国的发展亦未有水土不服之表现，是适合我国国情的救济模式。

然而，由于大规模侵权事件对不特定多数群体的权利造成了损害，故对于受害群体的救济既要考虑赔偿的充分，亦要考虑分配的公平。在同一事件中遭受损害的被侵权者，基于其受损程度等个体情况的差异，赔偿工作的开展势必是一项需要系统化管理与精细化操作的工程。而从三鹿奶粉医疗赔偿基金与船舶油污损害赔偿基金的制度性差异即可看出，大规模侵权损害赔偿基金在我国的建立尚未实现制度化与规范化。三鹿奶粉医疗赔偿基金是在食品领域的大规模侵权事件爆发后迫于紧急的救济需求而建立的，仓促性致使该基金带有很强的"先天不足"的特质。该基金在建立时缺乏明确的法律依据，更缺乏明确的法律规则对基金进行规范，因而基金在征收、管理、使用上呈现出无序状态，随意性明显。另外，基金的信息公开工作欠缺，专业人士以及民众参与程度

[1]　帅月新. 我国船舶油污损害赔偿基金运作分析［J］. 船海工程, 2018（2）.
[2]　张铁薇. 侵权责任法与社会法关系研究［J］. 中国法学, 2011（2）.

不够，导致该基金成为谜一样的存在，公信力蒙受了极大的减损。而较之三鹿奶粉医疗赔偿基金，船舶油污损害赔偿基金在构建过程中则更为慎重与稳健。我国的船舶油污损害赔偿基金是在借鉴了国际公约中国际油污损害赔偿基金制度的基础上建立的，由于国际规定已较为全面与体系化，因而制度的构建相对简单。作为船主与货主共同承担风险的机制，其以《船舶油污损害赔偿基金征收使用管理办法》为根据，在征收、使用与管理环节进行了较翔实的规定，尤其对请求时效与追偿权的细化表明了基金的法制化在逐步增强。该基金的建立时间并不长，就目前来看运作情况是良好的，施行效果仍有待实践检验。损害赔偿基金模式为我国大规模侵权纠纷的处理提供了一条切实可行的途径，必将在今后协调大规模侵权事件中侵权者与被侵权者冲突的利益时大有可为。但是基金本身的技术性因素也对精细、严谨的管理机制与操作规范提出了要求，若使损害赔偿基金成为应对大规模侵权的长效机制，仍需进一步完善基金的制度设计与运作环节。

8.3　大规模侵权损害救济基金的完善构想

就我国目前的法制状况来看，损害救济基金之于大规模侵权的应对是高效且适宜的。近年来，张新宝教授在我国大规模侵权损害救济基金的制度化、规范化方面一直进行着积极的推动。他率领课题组从 2010 年开始即着手收集案例、资料，并与美方保持着学术合作，不定期地接收美方学术团队提供的比较法资料和案例。作为研究课题的最终成果，课题组向国务院递交了其草拟的《大规模侵权损害救济（赔偿）基金条例（立法建议稿）》，对于基金的设立、运作、法律责任等环节如何设计提出了详尽的建议。该立法建议稿共由二十四条组成，第二条对大规模侵权进行了界定，即指"被侵权人人数众多、损害后果影响重大的侵权事件，包括大规模产品责任事件、大规模环境污染致人损害事件、大规模工业事故"。第三条对大规模侵权损害救济（赔偿）基金予以定性，指"专门用于救济（赔偿）大规模侵权事件的被侵权人的基金，由大规模侵权损害救济（赔偿）基金指导委员会决定设立，并由运作人按照本条例的规定依授权进行运作"。此外，条例还规定了基金的设立与终止、资金筹措、委托运作、实施机构等程序环节。在赔偿内容上，基金对赔偿项目予以区分，对人身损害、财产损失以及其他项目加以涵盖，尤其考虑到了大规模侵权的特殊性，对后续损害亦进行赔偿。

8.3.1　关于基金条例的几点想法

1. 基金的设立

张新宝教授指出，从基金设立与民事诉讼的关系看，基金的设立路径有两种：一种是诉讼替代型救济（赔偿）基金；另一种是诉讼结果型救济（赔偿）基金。前者是在被侵权人提出侵权诉讼之前设立和运作的，其目的是为了"救急"，同时还可以部分或者完全取代可能的民事诉讼救济途径；后者则是被侵权人提出侵权诉讼之后，由侵权人与被侵权人达成协议设立或通过法院判决设立的。① 张新宝教授认为，诉讼替代型救济基金更符合目前我国的救济现状，建议稿中提倡建立的基金机制亦为此类。然而，无论是诉讼替代型救济基金还是诉讼结果型救济基金，均为大规模侵权事件发生后予以建立的基金类型。在大规模侵权造成极为恶劣的损害结果后短时间内建立一个能对受害群体予以完全救济的基金机制，操作难度可想而知。

此外，从建议稿第十条关于资金筹措的规定，即"侵权人的出资、各种可得的保险赔付、社会捐助、中央或省级人民政府的拨款"的表述中不难发现，该基金的建立在很大程度上仍需明确侵权人，而侵权人的锁定则意味着因果关系在相当程度上亦需得到明确。可见，该基金并未跳脱民事诉讼在大规模侵权上救济不力的窠臼，仍执着于对具体侵权人的挖掘。但是在大规模侵权事件发生的初期，大范围的紧迫性救济需求与耗费大量时间的侵权人认定之间的矛盾是突出的。在这一点上，尽管建议稿第十一条规定基金应在最短时间内向被侵权人提供医疗、食品、临时居住等紧急救助，但是在侵权人未予明确的情况下，被侵权人无法获得责任保险金赔付，紧急救助的实质内容便仅为社会捐助与政府拨

---

① 张新宝. 设立大规模侵权损害救济（赔偿）基金的制度构想［J］. 法商研究，2010（6）.

款。因而对于行政救济方案的批判即动用过多的公共资源为肇事企业埋单有违实质的公平正义，此基金模式亦未能避免。故有学者直接指出，该基金会实际上就是一个政府主导的民事赔偿委员会。①

从日本的基金实践来看，基金多是在某一领域的公害事件发生后，为了应对此后类似的公害事件而预先设立的机制。对于该机制，曾有学者定义其为预设型损害救济基金，即"通常是在某个特定危险行业领域内，或某种产业领域内，为避免行业或行业产品所存在的潜在风险对自然及人类社会可能造成的损害，预先设计出损害赔偿方案及标准"。②事实上，不仅日本诸多公害救济基金采取了该种模式，美国的疫苗损害救济基金、中国台湾地区的药害救济基金皆是如此。该基金类型通过资金的预先储备形成一道坚实的安全屏障，在风险发生后使其有效地被遏制在一定范围，避免了损害的进一步扩大。

2. 基金与诉讼的关系

张新宝教授在建议稿中提倡基金模式与诉讼模式具有排斥关系，即当事人在基金与诉讼两种途径中只能择其一，确定一种途径即意味着放弃另一种。因而当事人在进入基金程序之前需要与基金运作人签订和解协议，和解协议中必须含有"被侵权人放弃起诉和放弃寻求其他途径救济的意思表示"的内容。这一方面是为了保证侵权人出资后可以尽快确定其可能承担的责任范围，也使其免受长期及大量诉讼之累，从而鼓励其积极出资，另一方面也是为了防止受害者得到双份赔偿而产生新的不公。③

对此，笔者认为基金与诉讼具有何种关系，排斥抑或兼容，取决于基金的发展水平。在基金已具有完全救济受害人的能力时，诉讼途径的存在自不必要。即便法律对基金与诉讼的互斥关系不加以硬性规定，在基金的救济效果足够令受害人满意时，以诉讼方式谋求救济的比例自然大幅降低。但在基金尚不能够满足众多被害人的救济需求时，赋予被害人诉讼方式的选择权无疑是有益的。不仅日本的公害救济实践充分印证

---

① 张力，庞伟伟. 大规模侵权损害救济机制探析 [J]. 法治研究，2017 (1).

② 姜战军，杨帆，邢宏，程杰. 损害赔偿范围确定中的法律政策和途径选择研究 [M]. 北京：法律出版社，2015：173.

③ 张新宝，葛维宝. 大规模侵权法律对策研究 [M]. 北京：法律出版社，2011：41.

了这一点，而且欧洲诸多国家对此也积极践行。瑞典的医疗损害社会化救济制度虽是为了改革侵权法而设，但其施行后并不排斥侵权法的适用。根据瑞典《患者损害赔偿法》第18条和第19条，患者可以自由选择获取救济的途径，患者进行保险赔付的请求后仍可以就损害填补不足的部分提起损害赔偿诉讼。起初曾有学者认为该制度设计极大地消耗了程序成本，应规定患者一旦进行了保险赔付的请求即丧失提起侵权诉讼请求赔偿的权利。对此，瑞典政府认为从该国以往交通保险等未限制再行提起侵权诉讼的救济实践来看，即便不对诉讼加以限制，有效的补偿制度的适用亦能够大幅降低该路径的选择概率。①

　　就我国目前已有的基金实践来看，基金对于被侵权人的救济并非已臻完善，比如在"三鹿奶粉事件"中粗线条的损害分类与近乎"一刀切"的赔付标准使被侵权人对于充分救济只能"望洋兴叹"。大规模侵权造成被侵权人群体庞大，损害程度也千差万别，将基金在偌大的受害者群体之间进行分配注定是一项耗时耗力的巨大工程。尽管建议稿在第十三条中提出"被侵权人能证明其损失高于标准所确定之数额的，按照其证明的损失数额予以赔偿"，但是该条在实践中缺乏可操作性。在大规模侵权中损失与因果关系具有很大的不确定性，实际损失的数额通常很难算定。为了对被侵权人进行及时救济，基金通常会考虑被侵权人的收入状况、生活水平等因素，将其综合起来得到的平均值作为对被侵权人进行赔付的一般标准。而被侵权人若欲获得高于一般标准的救济，则需要证明其实际损失。损失的证明需要耗费一定的时间，对于及时救济而言是不利的。因而，被侵权人陷入了两难境地：对损失加以证明则可能不能及时获得救济，对损失不予证明则可能不能得到充分的救济。因此，诉讼作为基金的"接力棒"是必要的。从救济效率而言，基金应在第一时间对被侵权人进行救济，而在救济的紧迫性之下，该救济多为基础性救济。而认为基金的救济未能满足其现实需求的被侵权人可以选择再行诉讼的方式请求赔偿其实际损害。尽管民事诉讼在时间消耗上具有较大劣势，但是由于基金已对被侵权人进行了一定程度的给付，被侵权人的医疗救济需求、生活困境得到了一定程度的缓解，故而民事诉讼的效率劣势能够得以弱化。同时为了避免被侵权人因侵权事件获利，法

---

①　姜战军，杨帆，邢宏，程杰．损害赔偿范围确定中的法律政策和途径选择研究［M］．北京：法律出版社，2015：256.

院在做出判决时应将基金已予赔付的额度加以扣除。

3. 基金的终止

建议稿在第十六条中规定："无后续损害或者后续损害赔偿能够及时解决的，大规模侵权损害救济基金在完成救助与赔偿事项后，终止运作。有后续损害且无法在短期内及时解决后续损害赔偿问题的，大规模侵权损害救济基金指导委员会得决定该基金为存续性基金。基金存续期最长不超过99年。存续期届满，基金终止运作。"从该规定可以看出，张新宝教授提倡建立的大规模侵权损害救济基金以终止为原则，存续为例外。也即大规模侵权损害救济基金在完成了本次大规模侵权的救济工作后便被注销，主体资格归于消灭。然而，大规模侵权损害救济基金仅在每次大规模侵权事件出现后才予以启动，为时已晚。在大规模侵权事件发生后，侵权企业往往会走向破产清算程序，其本身的资产需要在破产费用、职工相关费用、税款、被侵权人救济金多项之间进行分配。该救济金额能否满足大量被侵权人的救济需求，着实不容乐观。因而，亡羊补牢不如未雨绸缪，使基金成为一个常设性的机构对于救济大规模侵权的被害人实更为有利。在大规模侵权事件易发的领域，通过定期向该行业所有企业收缴一定金额作为基金的资金来源，由该领域的相关主体共同承担侵权风险，能够保证大规模侵权的救济资金不会枯竭，基金机构得以在长期内存续。实际上我国的船舶油污损害赔偿基金即是采用了该种方式，对我国管辖水域内接收从海上运输持久性油类物质的货物所有人或其代理人事先征收一定的费用作为基金的资金来源，在油污事故发生后开展受损人的损害赔偿工作。

8.3.2　以日本公害救济基金为视角的制度完善构想

在我国，近年来大规模侵权事件的不断上演，使得大规模侵权损害救济基金的制度化、规范化迫在眉睫。尽管我国在船舶油污损害领域的基金实践较为成功，但是对基金的救济方式存在迫切需求的社会领域还有很多，损害救济基金尚未得到大范围的推广。因而为了及时、公正、有效地救济大规模侵权的被害群体，缓解不适当的处理结果可能招致的社会矛盾，我国需尽快在大规模侵权的"高危"领域建立起一套完善的损害救济基金制度。然而由于我国进入现代工业化社会较晚，大规模侵权事件从 21 世纪后才在我国呈现出井喷式爆发的态势，对于大规模侵权救济的研究不及日本深入。我国能否从日本在食品及药品安全领域、核能安全领域、环境污染领域等建立的损害救济基金实践中"取其精华"并"为我所用"，值得深入探讨。

1. 借鉴日本公害救济基金制度的必要性与可行性

日本领先于我国进入工业社会，伴随着科学技术的不断发展，涌现出各种公害事件：大气污染、水污染、核辐射污染、食品公害、药品公害事件、石棉公害事件等。凡此种种，皆是风险社会的必然产物，任何发达的工业国家均无法置身事外。目前我国已发生的大规模侵权类型虽主要集中在食品及药品安全、环境污染领域，但并不能保证我国今后不会在其他社会领域发生类似的大规模侵权事件。加之我国人口基数大，大规模侵权事件一旦发生，会造成更广泛的人身、财产权利受到侵害，损失将更加惨重。

日本民法与我国民法具有极深的渊源，[①] 而且两国民法都深受德国民法概念体系的影响。就侵权责任领域而言，尽管日本将侵权责任制度规定在民法典债权编之中，我国则在民法典中单独设立侵权责任编，但是两国的侵权责任制度具有很多相通之处，比如在侵权行为的构成要件方面即具有极大的重合性。当然，在要件的具体解读上中日秉持不同的观点，兹举一例说明。损害要件同为中日侵权责任构成要件之一，两国均主张其为因侵权行为而对权利、利益造成的侵害。我国对损害界定为"任何人身或财产上的不利益，只有在法律上被认为具有补救的可能性和必要性时，才产生民事责任"，[②] 但是日本学界对该"不利益"并未课以限定条件，而是通过法官在具体案件中的自由裁量确定损害赔偿的具体对象。可见在构成要件的具体内容上中日还是存在区别的。但是总体来说，中日侵权责任法的立法模式还是一脉相承的，在细节上

169

---

① 1907 年清政府任命沈家本、俞廉三等为修律大臣，聘请日本法学家志田钾太郎、松冈义正起草民法典。1911 年《大清民律草案》完稿，我国第一部民法典草案由此诞生。该草案仿照德国式民法体例，分为总则、债权、物权、亲属、继承五编。尽管该草案最终未予施行，但对我国此后民法的发展仍产生了重要影响。

② 王利明. 侵权责任法研究（上卷）［M］. 北京：中国人民大学出版社，2010：354.

的不同也是缘于立法者在考量本国国情的基础上对法律条文进行了相应的解释。因而侵权法律制度的相近为我国借鉴日本法律制度提供了可能性。

此外，从实践来看，两国在应对大规模的产业事故时出现的救济困境也具有极大的相似性。在传统的侵权诉讼方式中，诉讼进程因过错要件、因果关系要件的证明而久拖不决，从而对被侵权人的救济效果不甚理想；即便侵权责任得以确定，也存在救济目的因侵权人不具有完全赔偿的财力而落空的可能性。因而两国均从传统救济机制外部寻求能够妥善解决该救济问题的新路径，将研究视域锁定至责任保险与损害救济基金。责任保险因依附于侵权责任——责任保险的启动以侵权责任的认定为前提，故未能对侵权诉讼的弊端予以克服而发挥的救济作用有限。相比之下，损害救济基金将损害分散至政府与企业，财源稳定且救济及时而有效，显示出了无可比拟的优越性。目前，日本在药品领域、生态环境领域、核能安全领域等众多社会领域均已建立了损害救济基金，而我国的基金构建则相对迟缓，以至在大规模侵权事件发生后只能由政府出面为责任企业"埋单"，通过财政拨款实现应急性的救济。因而我国亟须建立一套完整而规范的损害救济基金制度以缓解大规模侵权救济不力的困境。日本的诸多实践即为我国提供了宝贵的素材，值得我国借鉴。

2. 我国损害救济基金制度的完善

作为损害赔偿的社会化方式，一个实体设计合理完备、运行机制科学高效的基金制度，能够在大规模侵权事件的损害填补与社会情绪平复上发挥积极效能。就我国已有的损害救济基金实践而言，我国虽已存在一些有益的尝试，但是该制度的规范化与精细化仍远远不够。在借鉴日本公害救济制度的基础上，我国的损害救济基金制度可从以下几个方面予以完善。

（1）基金的设立。

大规模侵权因在受害人范围、损害后果、因果关系等方面具有特殊性而成为特殊的侵权类型，较之传统的侵权类型，其更为抽象，在法的规范适用上更具有不确定性。换言之，"如果我们将现有的各种特殊侵权类型作为纵向的划分，则大规模侵权和单一侵权则是横向的区分",① 大规模侵权有可能在任一侵权类型中发生。故而有必要建立相应的损害救济制度对于以下情形的损害结果加以救济：致害主体不明确；根据侵权责任构成的法律规定，致害主体因法定抗辩事由的存在、损害发生在法律实施前不能溯及既往等原因无需承担损害赔偿责任；致害人无能力承担全部损害赔偿责任，且无法通过责任保险等其他方式转移损害等。然而若在所有侵权类型中都建立损害救济基金，无疑是对公共资源的极大浪费，因而可仿效日本在大规模侵权易发且容易造成严重损害结果的领域建立基金，比如食品安全领域、药品安全领域、核能安全领域、环境污染领域等。

就我国的现状而言，基金应是为了支持大规模侵权损害赔偿事业的发展，由政府主导，根据一定的程序向公民、法人或者其他社会组织收缴资金后将其应用于特定用途的法人。基金由大规模侵权密集型领域的相应国家主管部门决定建立，委托机构或者个人执行基金的具体业务。以日本的医药品副作用损害救济基金为例，日本医药品医疗机器综合机构设置了运营评议会，该运营评议会由学者、医务人员、医药业代表、消费者代表以及医药品副作用受害者代表组成。在运营评议会之下设置了对业务相关的专门事项进行审议的救济业务委员会、审查·安全业务委员会。因而以此为鉴，考虑到基金的管理涉及多种专业知识，既包括法律层面，也包括财务、管理层面，管理机构的组成人员应尽可能涵盖专业知识领域人才。此外，为了体现基金运作程序的公平性，管理机构中应包含该领域的相关利益代表，赋予直接的利益关联者表达诉求的机会。在这个问题上，"三鹿奶粉事件"后建立的医疗赔偿基金的失败之处值得我们警醒，该医疗赔偿基金由中国乳制品工业协会委托中国人寿作为基金管理机构，但管理机构的组成人员中既缺乏相关利益代表，比如乳制品企业代表、消费者代表等，又缺乏处理损害赔偿事务的财务、法律等专业人才，故基金的公平性以及专业性一直广受社会各界质疑。

（2）基金的资金来源。

大规模侵权损害救济基金作为社会分担风险机制，致力于以集团的形式对损害予以填补。由于社会分担风险机制的核心价值在于公平，因而资金的分配方案也应尽可能地符合这一价值。从日本公害救济基金实

---

① 张新宝，葛维宝. 大规模侵权法律对策研究［M］. 北京：法律出版社，2011：138.

践来看，基金的出资主体通常由政府和企业构成。企业作为大规模侵权事件的直接关联主体，由其向基金缴纳一部分资金既是基于其在生产经营活动中获取了利益自然须对风险负责的思想，亦是在大规模侵权造成的迫切救济需求之下其承担社会责任的应然要求。企业缴纳的资金由两部分构成：一部分是行业内所有企业按年度向基金缴纳的款项，数额为每一企业上一年度的营业额乘以国家主管部门规定的比例。由于比例是固定的，故营业额越高的企业向基金缴纳的数额越多，承担的社会责任越大。另一部分是向曾负有侵权责任造成了人身、财产损害的企业额外征收的款项。若一个企业从事侵权行为后的获利减去侵权费用的支出仍有剩余，其极有可能进行下一次的侵权，因而提高企业的违法成本是必要的。该部分款项即能够起到惩罚与抑制的作用，避免企业从侵权行为中渔利。

在侵权企业无法确定的情况下，政府作为社会风险的控制者承担一部分的损害符合实质的公平正义。政府拨款由政府在当年的财政预算中做出，定期向基金拨付。此外，结合我国的大规模侵权救济实践，社会捐助在大规模侵权被害群体的救助上发挥了不可或缺的作用，故社会捐助也应当作为基金的重要组成部分。

除上述三部分之外，笔者建议我国大规模侵权损害救济基金的资金构成中还应当包括向责任企业的追偿所得、罚金或罚款。在侵权责任得到明确后，基金对于真正的侵权责任者享有追偿权。这样既能够保证基金在资金的补给下长期存续，又可以避免真正的责任者以侵权行为牟利，体现民法中"自负其责"的赔偿理念。而对于大规模侵权的致害人，很多情况下其不仅负有民事责任，还需承担行政责任、刑事责任。该部分罚金、罚款虽原本属国库收入，但为了使损害救济基金能够发挥更大的作用，可以按照一定比例将该部分款项从国库划拨到基金账户。

（3）基金的运作。

大规模侵权事件发生后，基金管理机构在国家主管部门的主导下，制定初步的救济方案，对申请救济的基本要求、程序、证据形式与内容、申请审查的标准、回复期限、给付金额的确定以及具体方式等加以规定。救济方案制定之后，管理机构应当向国家主管部门报告并在征得该主管部门的同意之后方可实施。最终的救济方案确定后，应当遵循透明、公平的基本原则，通过专设网站等特定的渠道加以公布。此外为了确保基金的切实、有效救济，既应在基金内部设有相应监督机构对资金的筹集、管理、运营、支付等环节进行审查，又应发挥社会公众的监督作用，赋予公众查阅基金的赔付程序、运作规则以及相关档案、账目的权利。

如何受理并认定受害人的赔偿请求，是基金运作的关键环节，而其中因果关系的认定又是难中之难、重中之重。处理该索赔申请时应当充分利用现代科技的信息优势，建立科学高效的数据系统以提高受理效率。从日本的公害救济基金实践来看，因果关系的确定标准逐渐客观化与标准化：通常基金规定只要符合一定的地域条件，具备某些损害或特定症状，行为与损害间的因果关系即可得以认定，除非有其他证据可予推翻。通过该规则认定因果关系，"将原因作为潜在性的加害行为整体来把握，这样个别行为同结果发生之间的个别性因果关系被切断了"，① 不仅受害者的举证负担得到了减轻，赔付的效率也得以大幅度提高。

具体以日本医药品副作用损害救济基金的运作程序为例，在医药品副作用致害发生后，由患者本人或者死者家属向基金管理机构提出给付申请。其仅需要向基金管理机构提供请求书、医生诊断书、开具处方证明书以初步证明病状以及发病经过与医药品的使用存在因果关系。基金机构对请求内容的事实关系进行调查、整理，向厚生劳动大臣申请判定。故我国大规模侵权事件的被害人在向基金机构申请时，需按照基金的要求提供证明自身损害与大规模侵权事件之间因果关系的证据，基金管理机构对申请内容的事实关系进行调查、整理，向国家主管部门进行报告。国家主管部门对被害者的救济申请进行实质审查，即从专业角度判断损害与大规模侵权事件之间是否存在因果关系，在此基础上决定是否承认被害者的申请。对于该因果关系的判断，不应过于要求证明度，从日本侵权行为因果关系要件理论的发展来看，在公害诉讼中因果关系的证明程度逐渐被弱化，因而在程序要求不及诉讼严格的基金程序中因果关系的认定自然应当渐予宽缓。基金管理机构将该决定通知申请者，对于承认其申请的被害者，基金进行给付。在确定给付数额时可以参考日本的损害理论，在对大规模侵权受害者的损害进行总体把握的同时，也对受害者的个体情况予以特别考量。以补偿患者的实际损失为原则，

173

---

① 渠涛. 从损害赔偿走向社会保障性救济——加藤雅信教授对侵权行为法的设想 [M] //梁慧星. 民商法论丛（第2卷）. 北京：法律出版社，1994：296.

同时还应当对受害者的精神损害、生态家园的破坏等因素予以综合考量。给付可以采用一次性的方式，也可以采取分期的方式。采取分期给付的，应根据救济效果及时调整给付方案，确保救济的合理高效。申请者在接受基金的补偿数额后认为数额过低的，仍可向法院提起诉讼，不过法院在判决赔偿数额时须扣除基金已给付的数额。对申请被拒绝的决定存在异议者，可向国家主管部门进行申诉。

（4）基金的存续与终止。

基于大规模侵权造成的损害结果的严重性，笔者认为损害救济基金不应只是某次大规模侵权事件的应对机制，而应当在一段时间内加以存续。针对未来可能存在的后续潜在索赔，基金管理机构应当在已有救济方案的基础上制定出后续赔付的预案，并据此预留部分基金作为充分赔付的保证。考虑到在存续过程中资金的充裕和安全关乎被侵权人获得救济的现实可能性，基金管理人或者受托人可以与银行或者专业的理财机构签订管理资金的协议，确保基金的保值增值。当然基金也并非无限期地存续下去，在该领域的风险管理机制已经健全，以致大规模侵权事件发生的概率可忽略不计的情况下，基金应予终止。基金终止运作时，应进行清算，并注销已有的登记。对于基金的存续资产，可由国家主管部门划拨给相关慈善组织或者公益性研究机构。

无论是理论研究层面，还是实践运作层面，大规模侵权损害救济基金制度在我国仍是一个相对较新的救济机制。该制度旨在为大规模侵权事件的受害群体提供充分、及时而有效的救济，减轻法院的审判压力并且缓和社会矛盾，故制度的常态化、规范化成为必然。尽管现实中大规模侵权形势愈加严峻，现有机制在该类事件受害人的救济上也愈加"力不从心"，但是损害救济基金制度的建设绝非一日之功，深入的理论探究与精细化操作不可或缺。由于其不再是追求当事人两极关系中的矫正正义，而是基于分配正义理念使社会共同分担大规模侵权风险，因而在基金各个环节的设计上应尽量体现社会公平理念，以社会各方利益的平衡作为制度完善的归宿。当然，为了正义不再迟到，我国在损害救济基金制度的完善过程中可以借鉴日本公害救济制度，吸纳其积极有益的成分，弥补我国现有的制度缺陷，以期圆满而妥帖地解决大规模侵权损害赔偿问题。

结　　语

　　伴随着工业文明的迅猛发展，科技对人类社会的改变日趋显著：一方面，人类征服改造自然的能力在逐步增强；另一方面，社会潜在风险亦不断加剧：人类在应用科技过程中产生的无法预见且难以避免的社会风险严重威胁着人类的生存发展，社会、政治、经济的稳定亦被波及。产品责任、环境污染、新能源领域危险事故等接踵而至，人类蓦然惊觉，风险已然成为现代社会的标志，而风险的来源亦从单纯的个人致害行为变为大规模的侵权事故。可以说，"新世纪的人们栖栖惶惶，念兹在兹的，不是财富的取得，而是灾难的趋避。"① 于是一个不可回避的现实问题产生了：人类如何在继续享受现代工业社会文明成果的同时，有效地控制或者化解潜在的或已然发生的社会风险。人类希冀的美好蓝图是在事前寻求最大化的控制，抑或在事后进行最优化的救济，然而时至现代工业社会，风险已经在某种程度上呈现出不可逆的倾向，人类社会往往难以恰如其分地规避风险、开展救济。无处不在的风险对我国乃至世界的法律制度提出了挑战。

　　"法律的生命不在于逻辑，而在于经验。"② 法律作为社会问题的治理机制，必须致力于解决现实问题以满足社会需求。然而，建立在侵权责任理论基础之上的传统侵权救济机制在面对不断涌现的新型侵权事件以及大规模的人身、财产损害事故时却暴露出极大的局限性。该局限为侵权责任法的内生性缺陷，原因在于侵权责任法奉行矫正正义，任何主体均须自负其责以矫正被偏离的正义。故而受害者与侵权者处于法律责任的两极，损害或者由侵权者承担，或者由受害者承担。在该机制之下，侵权者责任的确定优位于受害者损害的赔偿，这孕育了两个"恶

---

① 苏永钦．民事财产法在新世纪面临的挑战［J］．人大法律评论，2001（1）．
② 霍姆斯．普通法［M］．冉昊，姚中秋译．北京：中国政法大学出版社，2006：5．

果"：一方面，由于侵权者责任的确定需通过侵权行为构成要件的证明予以实现，故因果关系以及过错的有无须予明确，但是在公害事件中因果关系与过错要件的错综复杂致使损害赔偿陷入了长期的拖延与不确定性。另一方面，侵权者责任的确定又使其背负了过于沉重的损害赔偿负担，有些企业甚至被逼至破产的境地，对受害人的赔偿最终成为泡影，而且社会经济的发展无法脱离企业的发展，若对企业课以过于沉重的损害赔偿责任，该潜在的示范效应可能成为某些社会资本进入相关行业的风向标，导致企业为避免承担可能的巨额损害赔偿责任而不涉足一些虽危险但有益的行业领域，贻害行业发展的持续与稳定。因而在公害事件中常常涉及利益的衡量问题，经济发展与被害群体权益的保护之间一直存在很大的张力。侵权责任法的固有缺陷很难通过自身的变革予以消解，以裁判为中心的传统损害赔偿制度的非效率性与迅速且有效地救济损害的现代社会需求之间的矛盾日益凸显。

侵权损害赔偿社会化模式则打破了传统救济机制救济不力的"僵局"，突破了个人责任机制的相对性，由对受害者"点对点"的救济扩展到了"面对面"的救济，[①] 由社会对该风险予以分散。在该模式之中，加害人的认定不再是关注的焦点，对被侵权人的损害予以妥当的填补乃为其核心。理论上，公民的人身、财产权利只要在大规模侵权中受到了侵害，均可能通过侵权损害赔偿社会化的制度途径获得救济。该模式既周延了传统救济模式力所不及的方面，最大限度地保护了大规模侵权被害人的权益，实现了"分配正义"，又解除了企业发展的危机，避免了传统救济机制导致的利益失衡状态。

目前我国已经完成了《民法典》的编纂并付诸实施，其意义不仅在于梳理完善我国现有的法律制度，更为积极地指引公民行为，更在于通过法典化彰显人文精神和法治理念，使《民法典》成为我国法治发展的有力载体。人格权单独成编的立法安排，反映了人格权在公民权利范畴中的价值位阶，昭示了新时代的《民法典》是一部充满人文关怀的民法典。在此意义上，侵权损害赔偿社会化蕴含的以人为本的理念与独特价值与我国《民法典》的编纂相适应，在理论上能够丰富损害赔偿体系，在实践上有助于解决现实的救济困境。损害救济基金正是侵权

---

① 黄中显. 分担与转移——环境侵害救济社会化法律制度研究 [M]. 北京：法律出版社，2016：145.

损害赔偿社会化的具体落实，考虑到大规模侵权事件一旦发生即会造成无法逆转的恶劣影响，从事高危活动而具有侵权可能性的企业通过事先向基金机构缴纳部分金额而使损害结果发生后被侵权人能够得到有效救济。该救济方式一方面能够为损害赔偿储备一定的资金，避免损害结果出现后救济不能的困境，另一方面又通过对致害企业额外金额的收缴，在一定程度上发挥对侵权行为的抑制作用。我国的损害救济基金制度虽在实践中已有所突破，但是尚未在社会生活诸多领域发挥作用，形成系统而卓有成效的救济体系。在迫切的救济需求之下，我国亟须完善现有的损害救济基金机制。然而我国对于大规模侵权以及救济机制的探索尚不够深入，为了使该救济机制能够更加迅捷地在实践中发挥作用，域外经验借鉴不失为一种可行渠道。

尽管日本将具有"人为造成性、范围广泛性、损害持续性、因果关系复杂性"特征的侵权事件称为"公害"，我国则以"大规模侵权"表述，但是日本与我国的实践困境却是一致的，加之中日两国的侵权法律制度具有极大的共通性，故我国具有借鉴日本损害救济基金制度的理论基础与现实可能。当然，域外借鉴并不意味着对于他国先进制度的直接吸纳，而是立足于我国国情，将真正符合我国实践需求的优秀元素筛选出来以"对症下药"。我国虽已进行了损害救济基金的尝试，但是尚存在诸多未予细化之处，以致基金在实践中发挥的作用有限。因而在今后的制度完善过程中，我国应借鉴日本相关制度经验进行更加精细化的制度设计，合理设置损害救济基金的管理规则，运用法律的手段规范其运行，以侵权损害赔偿社会化的实践演进路径回应人格权保护的时代需求。

参 考 文 献

一、中文著作

[1] 贝克.风险社会 ［M］.何博闻译.南京：译林出版社，2004.

[2] 曾世雄.损害赔偿法原理 ［M］.北京：中国政法大学出版社，2001.

[3] 陈聪富.侵权违法性与损害赔偿 ［M］.北京：北京大学出版社，2012.

[4] 陈泉生.环境法原理 ［M］.北京：法律出版社，1997.

[5] 程啸.侵权行为法总论 ［M］.北京：中国人民大学出版社，2008.

[6] 范愉.非诉讼纠纷解决机制研究 ［M］.北京：中国人民大学出版社，2000.

[7] 冯·巴尔.大规模侵权损害责任法的改革 ［M］.贺栩栩译.北京：中国法制出版社，2010.

[8] 郭明瑞，房绍坤.民法（第4版）［M］.北京：高等教育出版社，2017.

[9] 郭明瑞.民事责任论 ［M］.北京：中国社会科学出版社，1991.

[10] 何怀宏.公平的正义——解读罗尔斯《正义论》［M］.济南：山东人民出版社，2002.

[11] 胡卫萍.社会转型中的大规模侵权及其责任承担机制研究 ［M］.北京：中国检察出版社，2012.

[12] 黄中显.分担与转移——环境侵害救济社会化法律制度研究 ［M］.北京：法律出版社，2016.

[13] 吉村良一.日本侵权行为法（第4版）［M］.张挺译.北京：中国人民大学出版社，2013.

[14] 贾爱玲.环境侵权损害赔偿的社会化制度研究 ［M］.北京：

知识产权出版社，2011.

［15］姜战军，杨帆，邢宏，程杰.损害赔偿范围确定中的法律政策和途径选择研究［M］.北京：法律出版社，2015.

［16］冷罗生.日本公害诉讼理论与案例评析［M］.北京：商务印书馆，2005.

［17］梁慧星.裁判的方法［M］.北京：法律出版社，2003.

［18］梁慧星.民商法论丛（第2卷）［M］.北京：法律出版社，1994.

［19］刘景一.环境污染损害赔偿［M］.北京：人民法院出版社，2000.

［20］刘士国.现代侵权损害赔偿研究［M］.北京：法律出版社，1998.

［21］刘炫麟.大规模侵权研究［M］.北京：中国政法大学出版社，2018.

［22］罗尔斯.正义论（修订版）［M］.何怀宏，何包钢，廖申白译.北京：中国社会科学出版社，2009.

［23］马俊驹，余延满.民法原论（第4版）［M］.北京：法律出版社，2016.

［24］邱聪智.公害法原理［M］.台北：三民书局股份有限公司，1984.

［25］王军.侵权损害赔偿制度比较研究：我国侵权损害赔偿制度的构建［M］.北京：法律出版社，2011.

［26］王利明.侵权行为法归责原则研究［M］.北京：中国政法大学出版社，2003.

［27］王泽鉴.民法学说与判例研究（第2册）［M］.北京：中国政法大学出版社，2002.

［28］王泽鉴.侵权行为法（第1册）［M］.北京：中国政法大学出版社，2001.

［29］王竹.侵权责任分担论——侵权损害赔偿责任数人分担的一般理论［M］.北京：中国人民大学出版社，2009.

［30］熊进光.大规模侵权损害救济论——公共政策的视角［M］.南昌：江西人民出版社，2013.

［31］许琳. 社会保障学［M］. 北京：清华大学出版社/北京交通大学出版社，2005.

［32］亚里士多德. 尼各马可伦理学［M］. 廖申白译. 北京：商务印书馆，2003.

［33］杨佳元. 侵权行为损害赔偿责任研究——以过失责任为重心［M］. 台北：元照出版公司，2007.

［34］于敏. 日本侵权行为法（第3版）［M］. 北京：法律出版社，2015.

［35］张民安. 过错侵权责任制度研究［M］. 北京：中国政法大学出版社，2002.

［36］张新宝、葛维宝. 大规模侵权法律对策研究［M］. 北京：法律出版社，2011.

［37］张新宝. 侵权责任法（第4版）［M］. 北京：中国人民大学出版社，2016.

［38］张新宝. 侵权责任法［M］. 北京：中国人民大学出版社，2006.

［39］张新宝. 侵权责任法原理［M］. 北京：中国人民大学出版社，2005.

［40］张梓太. 环境纠纷处理前沿问题研究——中日韩学者谈［M］. 北京：清华大学出版社，2007.

［41］朱岩. 侵权责任法通论：总论［M］. 北京：法律出版社，2011.

［42］竺效. 生态损害的社会化填补法理研究（修订版）［M］. 北京：中国政法大学出版社，2017.

［43］竺效. 生态损害综合预防和救济法律机制研究［M］. 北京：法律出版社，2016.

［44］卓泽渊. 法的价值论［M］. 北京：法律出版社，2006.

［45］邹海林. 责任保险论［M］. 北京：法律出版社，1999.

二、中文论文

［1］贝克，邓正来，沈国麟. 风险社会与中国——与德国社会学家乌尔里希·贝克的对话［J］. 社会学研究，2010（5）.

　　[2] 贝克. 从工业社会到风险社会（上篇）——关于人类生存、社会结构和生态启蒙等问题的思考 [J]. 王武龙译. 马克思主义与现实，2003（3）.

　　[3] 陈年冰. 大规模侵权与惩罚性赔偿——以风险社会为背景 [J]. 西北大学学报（哲学社会科学版），2010（6）.

　　[4] 吉福德，陈鑫. 公共侵扰与大规模产品侵权责任 [J]. 北大法律评论，2006（00）.

　　[5] 李建华，管洪博. 大规模侵权惩罚性赔偿制度的适用 [J]. 法学杂志，2013（3）.

　　[6] 李敏. 多元化救济机制在大规模侵权损害中的建构 [J]. 法学杂志，2012（9）.

　　[7] 李敏. 赔偿基金在大规模侵权损害救济中的定位与制度构想 [J]. 西北大学学报（哲学社会科学版），2012（4）.

　　[8] 林嘉. 社会保险对侵权救济的影响及其发展 [J]. 中国法学，2005（3）.

　　[9] 刘道远. 大规模损害侵权行政救济模式法律问题探析 [J]. 河南师范大学学报（哲学社会科学版），2011（5）.

　　[10] 刘永林. 风险社会大规模损害责任法的范式重构——从侵权赔偿到成本分担 [J]. 法学研究，2014（3）.

　　[11] 麻昌华. 21世纪侵权行为法的革命 [J]. 法商研究，2002（6）.

　　[12] 欧阳晓安. 环境污染侵权责任制度的完善探讨 [J]. 重庆环境科学，2002（4）.

　　[13] 粟榆. 大规模侵权责任保险赔偿制度研究 [D]. 成都：西南财经大学，2014.

　　[14] 粟榆. 责任保险在大规模侵权风险管理中的角色定位与制度建设 [J]. 广东金融学院学报，2011（1）.

　　[15] 粟榆. 责任保险在大规模侵权中的运用 [J]. 财经科学，2009（1）.

　　[16] 孙大伟. 我国大规模侵权领域困境之考察——基于制度功能视角的分析 [J]. 当代法学，2015（2）.

　　[17] 王成. 大规模侵权事故综合救济体系的构建 [J]. 社会科学

战线，2010（9）.

[18] 王利明. 建立和完善多元化的受害人救济机制 [J]. 中国法学，2009（4）.

[19] 王利明. 侵权法一般条款的保护范围 [J]. 法学家，2009（3）.

[20] 王利明. 我国侵权责任法的体系构建——以救济法为中心的思考 [J]. 中国法学，2008（4）.

[21] 王艳华. 从损害赔偿到综合救济制度——论侵权行为法的发展方向 [J]. 郑州大学学报（社会科学版），1999（5）.

[22] 夏益国. 美国恐怖主义风险保险立法研究 [J]. 保险研究，2009（10）.

[23] 邢宏. 论大规模侵权损害赔偿基金 [D]. 武汉：华中科技大学，2013.

[24] 徐蓉、邵蓉. 国外药品不良反应救济制度简介 [J]. 中国药事，2005（9）.

[25] 杨立新.《侵权责任法》应对大规模侵权的举措 [J]. 法学家，2011（4）.

[26] 杨凌雁、甘佳. 日本公害健康损害侵权诉讼之管窥——以东京大气污染诉讼案为例 [J]. 江西理工大学学报，2013（6）.

[27] 叶金强. 风险领域理论与侵权法二元归责体系 [J]. 法学研究，2009（2）.

[28] 尹志强. 侵权行为法的社会功能 [J]. 政法论坛，2007（5）.

[29] 张红. 大规模侵权救济问题研究 [J]. 河南省政法管理干部学院学报，2011（4）.

[30] 张俊岩. 风险社会与侵权损害救济途径多元化 [J]. 法学家，2011（2）.

[31] 张乐. 风险、危机与公共政策：从话语到实践 [J]. 兰州学刊，2008（12）.

[32] 张乐. 责任保险在多元化的大规模侵权损害赔偿机制中的地位 [J]. 河南师范大学学报（哲学社会科学版），2016（2）.

[33] 张力，庞伟伟. 大规模侵权损害救济机制探析 [J]. 法治研究，2017（1）.

［34］张利春．日本公害侵权中的"容忍限度论"述评——兼论对我国民法学研究的启示［J］．法商研究，2010（3）．

［35］张铁薇．关于侵权法的几点哲学性思考［J］．政法论坛，2012（1）．

［36］张新宝，岳业鹏．大规模侵权损害赔偿基金：基本原理与制度构建［J］．法律科学（西北政法大学学报），2012（1）．

［37］张新宝．设立大规模侵权损害救济（赔偿）基金的制度构想［J］．法商研究，2010（6）．

［38］赵永生．日本劳动者灾害补偿保险的发展与现状［J］．中国医疗保险，2009（8）．

［39］周江洪．侵权赔偿与社会保险并行给付的困境与出路［J］．中国社会科学，2011（4）．

［40］周学峰．论责任保险的社会价值及其对侵权法功能的影响［J］．甘肃政法学院学报，2007（3）．

［41］朱岩．大规模侵权的实体法问题初探［J］．法律适用，2006（10）．

［42］朱岩．风险社会与现代侵权责任法体系［J］．法学研究，2009（5）．

［43］朱岩．社会基础变迁与民法双重体系构建［J］．中国社会科学，2010（6）．

三、日文著作

［1］Simon Rreneficq，铃木辰纪抄訳．現代危険と傷害被害者の補償 民事責任拡張の代替もの：実損塡補型傷害保険［M］．東京：成文堂，2004．

［2］アスベスト問題研究会神奈川労災職業病センター．アスベスト対策をどうするか［M］．東京：日本評論社，1988．

［3］カネミ油症損害者支援センター．カネミ油症——過去・現在・未来［M］．東京：緑風出版，2006．

［4］スモン損害賠償研究会．スモンと損害賠償［M］．東京：勁草書房，1986．

［5］長尾俊彦．国家と石綿［M］．東京：現代書館，2016．

［6］潮見佳男．債権各論Ⅱ［M］．東京：新世社，2016．

［7］大塚直．環境法［M］．東京：有斐閣，2002．

［8］淡路剛久．公害賠償法の理論（増補版）［M］．東京：有斐閣，1978．

［9］宮本憲一，川口清史，小幡範雄．アスベスト問題——何が問われ、どう解決するのか［M］．東京：岩波書店，2006．

［10］和田仁孝．ADR：理論と実践［M］．東京：有斐閣，2007．

［11］吉村良一．市民法と不法行為法の理論［M］．東京：日本評論社，2016．

［12］吉田邦彦．債権侵害論再考［M］．東京：有斐閣，1991．

［13］吉田良一．不法行為法（第4版）［M］．東京：有斐閣，2010．

［14］吉野高幸．カネミ油症——終わらない食品被害［M］．福岡：海鳥社，2010．

［15］幾代通．不法行為法［M］．東京：有斐閣，2007．

［16］加藤一郎．公害法の生成と展開［M］．東京：岩波書店，1968．

［17］加藤周一．世界大百科事典［M］．東京：平凡社，2007．

［18］戒能道孝．公害法の研究［M］．東京：日本評論社，1969．

［19］豊永晋輔．原子力損害賠償法［M］．東京：信山社，2014．

［20］平井宜雄．不法行為法理論の諸相［M］．東京：有斐閣，2011．

［21］平井宜雄．損害賠償法の理論［M］．東京：東京大学出版会，1995．

［22］平井宜雄．債権各論Ⅱ不法行為［M］．東京：弘文堂，1992．

［23］前田陽一．不法行為法［M］．東京：弘文堂，2010．

［24］橋本佳幸．責任法の多元的構造［M］．東京：有斐閣，2006．

［25］日本弁護士連合会，公害対策・環境保全委員会．公害・環境訴訟と弁護士の挑戦［M］．京都：法律文化社，2010．

［26］森島昭夫．不法行為法講義［M］．東京：有斐閣，1987．

［27］森永謙二．アスベスト汚染と健康被害［M］．東京：日本評論社，2006．

［28］石綿対策全国連絡会議．アスベスト問題は終わっていない［M］．大阪：アットワークス，2007．

［29］石田穣．損害賠償法の再構成［M］．東京：東京大学出版

会，1977.

　　［30］矢澤久純．民事帰責範囲研究——不法行為法における損害賠償の範囲画定に関する考究［M］．広島：渓水社，2013.

　　［31］藤木英雄，木田盈四郎．薬品公害と裁判［M］．東京：東京大学出版会，1974.

　　［32］窪田充見．不法行為法［M］．東京：有斐閣，2007.

　　［33］窪田充見．新注釈民法（15）［M］．東京：有斐閣，2017.

　　［34］我妻栄．事務管理・不当利得・不法行為（新法学全集）［M］．東京：日本評論社，1937.

　　［35］現代不法行為法研究会編．不法行為法の立法的課題［M］．東京：商事法務，2015.

　　［36］一橋大学環境法政策講座．原子力損害賠償の現状と課題［M］．東京：商事法務，2015.

　　［37］伊藤進．公害・不法行為論［M］．東京：信山社，2000.

　　［38］宇田和子．食品損害と損害者救済——カネミ油症事件の損害と政策過程［M］．東京：東信堂，2015.

　　［39］原田尚彦．環境法（補正版）［M］．東京：弘文堂，1994.

　　［40］原田正純．油症は病気のデパート——カネミ油症患者の救済を求めて［M］．大阪：アットワークス，2010.

　　［41］遠藤典子．原子力損害賠償制度の研究：東京電力福島原発事故からの考察［M］．東京：岩波書店，2013.

　　［42］沢井裕．テキストブック事務管理・不当利得・不法行為（第三版）［M］．東京：有斐閣，2001.

　　［43］沢井裕．公害の私法的研究［M］．東京：一粒社，1969.

　　［44］沢井裕．公害阻止の法理［M］．東京：日本評論社，1976.

　　［45］政野淳子．四大水俣病［M］．東京：中央公論社，2013.

　　［46］中井美雄，田井義信：民事責任の規範構造［M］．京都：世界思想社，2001.

四、日文论文

　　［1］奥平康弘．公害対策基本法立法過程の批判的検討［J］．ジュリスト，1967：367.

［2］長由美子．医薬品副作用被害救済制度について［J］.PHARM STAGE，2016：12.

［3］潮見佳男．人身侵害における損害概念と算定原理［J］.民商法雑誌，1991：103.

［4］除本理史．ふるさとの喪失・被害とその救済［J］.法律時報，2014：86.

［5］川井健：医薬品の製造者責任［J］.ジュリスト，1973：574.

［6］大塚直．保護利益としての人身と人格［J］.ジュリスト，1998：1126.

［7］大塚直．東日本大震災と法　福島第一原子力発電所事故による損害賠償［J］.法律時報，2011：83.

［8］大塚直．福島第一原発事故による損害賠償と賠償支援機構法——不法行為法学の観点から［J］.ジュリスト，2011：1433.

［9］淡路剛久．包括的生活利益としての平穏生活権」の侵害と損害［J］.法律時報，2014：86.

［10］淡路剛久．公害における故意・過失と違法性［J］.ジュリスト，1970：458.

［11］島正之．自動車排出ガスによる大気汚染の健康影響［J］.千葉医学，2005：81.

［12］谷口知平．生活妨害（公害）とそ救済［J］.ジュリスト，1968：390.

［13］吉村良一．福島第一原発事故被害賠償をめぐる法的課題［J］.法律時報，2014：86.

［14］吉村良一．環境被害の救済における〈責任〉と費用負担原則［J］.環境と公害，2007：36.

［15］吉野高幸．食品公害と損害者救済制度［J］.自由と正義，1982：33.

［16］加藤一郎．公害の紛争処理と被害者救済［J］.ジュリスト，1968：408.

［17］加藤一郎等．専論一最近違法行為の動向［J］.判例時報，1971：622.

［18］金沢良雄．公害問題の現況と展望［J］.ジュリスト，1970：

460.

　　[19]　柳沢弘士．不法行為法における違法性［J］．私法，1966：28.

　　[20]　平沢正夫．薬害救済基金の虚と実——人道法案，実は加害者救済法案［J］．エコノミスト，1979：57.

　　[21]　浦川道太郎．原発事故により避難生活を余儀なくされている者の慰謝料に関する問題点［J］．環境と公害，2013：43.

　　[22]　前田達明．過失概念と違法性概念の接近［J］．ジュリスト，1980：76.

　　[23]　秋山直人．原紛センターにおける賠償の現状と課題［J］．自由と正義，2016：67.

　　[24]　森島昭夫．スモン訴訟判決の総合的検討（3）［J］．ジュリスト，1980：715.

　　[25]　森島昭夫．北陸スモン判決の問題点［J］．ジュリスト，1978：663.

　　[26]　森島昭夫．北陸スモン訴訟判決とその問題点［J］．判例时報，1978：879．植木哲．製薬業者らの責任［J］．判例時報，1978：879.

　　[27]　森島昭夫．食品関連業者の責任と裁判例の動向（一）［J］．自由と正義，1982：33.

　　[28]　森島昭夫．薬禍と民事責任（1）［J］．法律時報，1973：45.

　　[29]　森島昭夫．原子力事故の被害者救済——損害賠償と補償（1）［J］．時の法令，2011：1882.

　　[30]　山本敬三．不法行為法学の再検討と新たな展望［J］．法学論叢，2004：154.

　　[31]　山口斉昭．医薬品副作用被害救済制度が医療事故補償制度の構想に与える示唆について［J］．日本法学，2015：80.

　　[32]　石橋一晃．医薬品副作用被害救済基金法の成立と問題点［J］．法律時報，1979：51.

　　[33]　田村浩一．大気汚染防止法の改正とその問題点［J］．ジュリスト，1971：471.

　　[34]　我妻栄．原子力二法の構想と問題点［J］．ジュリスト，1961：236.

　　[35]　西原道雄．公害に対する私法的救済の特質と機能［J］．法

律時報，1967：39.

　　［36］小長谷正明．スモン——薬害の原点［J］．国立医療学会誌，2009：63.

　　［37］小島延夫．福島第一原子力発電所事故による被害とその法律問題［J］．法律時報，2011：83.

　　［38］小島延夫．原子力損害賠償紛争解決センターでの実務と被害救済［J］．環境と公害，2013：43.

　　［39］小海範亮．原発事故損害賠償請求に関する弁護士の具体的取組み［J］．環境と公害，2013：43.

　　［40］新美育文．疫学的手法による因果関係の証明（下）［J］．ジュリスト，1986：871.

　　［41］有林浩二．原子力賠償支援機構法の制定と概要［J］．ジュリスト，2011：1433.

　　［42］宇田和子．カネミ油症事件における「補償制度」の特異性と欠陥：法的承認の欠如をめぐって［J］．社会学評論，2012：63.

　　［43］原島重義．わが国における権利論の推移［J］．法の科学，2011：4.

　　［44］沢井裕．食品公害と裁判——カネミ油症控訴審判決を考える2［J］．法律時報，1986：58.

五、日文判例

　　［1］大判大5.12.22民録22輯。
　　［2］最判昭39.7.28民集18巻6号。
　　［3］熊本地判昭48.3.20判時696号。
　　［4］最判昭50.10.24民集29巻9号。
　　［5］最判平8.7.7民集49巻7号。
　　［6］東京地判平14.10.29判時1885号。
　　［7］最判平18.3.30民集60巻3号。

六、电子文献

　　［1］警察庁．犯罪被害者等施策［EB/OL］．https：//www.npa.go.jp/hanzaihigai/suisin/gaiyo.html.

［2］環境再生保全機構．公害健康被害補償・予防の手引［EB/OL］．https：//www. erca. go. jp/fukakin/seido/gaiyo. html.

［3］東京都福祉保健局．東京都大気汚染医療費助成制度の運用状況及び大気汚染物質と健康影響に関する調査研究報告［EB/OL］．http：//www. fukushihoken. metro. tokyo. jp/kankyo/kankyo_eisei/chosa/dxn_chemi/chosa/houkokusho/index. html.

［4］医薬品医療機器総合機構．健康被害救済業務［EB/OL］．http：//www. pmda. go. jp/relief－services/adr－sufferers/0013. html.

［5］産経 west. アスベスト訴訟・和解手続きわずか180 人［EB/OL］．http：//www. sankei. com/west/news/171025/wst1710250027－n1. html.

［6］文部科学省．原子賠償［EB/OL］．http：//www. mext. go. jp/a_menu/genshi_baisho/jiko_baisho/detail/1329118. html.

［7］福安．三鹿奶粉事件医疗赔偿基金管理及运行情况公布［EB/OL］．http：//www. foods1. com/news/1655049.

［8］中国电力企业联合会．我国海上溢油事故的现状和应对措施［EB/OL］．http：//www. cec. org. cn/xiangguanhangye/2010－11－27/4657. html.

［9］中国船舶油污损害赔偿基金．中国船舶油污损害赔偿基金创建大事记［EB/OL］．http：//www. shmsa. gov. cn/copcfund/lcsj/464. jhtml.

［10］中国船舶油污损害赔偿基金．船舶油污损害赔偿基金索赔知识常见问题解答［EB/OL］．http：//www. shmsa. gov. cn/copcfund/cjwd/205. jhtml.